Wilhelm F. Freiherr von Gleichen-Russwurm

Versuch einer Geschichte der Blatläuse und Blatlausfresser des Ulmenbaums

Wilhelm F. Freiherr von Gleichen-Russwurm

Versuch einer Geschichte der Blatläuse und Blatlausfresser des Ulmenbaums

ISBN/EAN: 9783743610835

Hergestellt in Europa, USA, Kanada, Australien, Japan

Cover: Foto ©berggeist007 / pixelio.de

Manufactured and distributed by brebook publishing software
(www.brebook.com)

Wilhelm F. Freiherr von Gleichen-Russwurm

Versuch einer Geschichte der Blatläuse und Blatlausfresser des

Ulmenbaums

Versuch

einer

Geschichte der Blatläuse

und

Blatlausfresser

des Ulmenbaums

von

Wilhelm Friederich Freyherrn v. Gleichen

genannt Rußworm,

Herrn auf Greifensiein, Bonnland und Ezelbach, Groß-Creutz des Hochfürstlich Bran-
denburgischen rothen Adler-Ordens, und Hochfürstlich Brandenburg-Culmbachischen
Geheimen-Rath.

Nebst einer Vorrede

des Herrn Hofraths und Prof. Delius.

Mit vier ausgemalten Kupfertafeln.

Nürnberg,
In der Chr. Weigel und A. G. Schneider'schen Kunst- und Buchhandlung.
1787.

Vorrede.

Da mir die Ausgabe gegenwärtige Schrift zu besorgen, gefällig aufgetragen worden, die für die Naturforscher und Liebhaber der Naturgeschichte ein schätzbares Geschenk seyn wird, so ist es mir zugleich angenehm, den Leser nicht erst sagen zu dürfen, daß solche ganz von dem Edlen Herrn Verfaßer, sowohl der mit Schwammerd.amm.ischer Gedult ausgearbeiteten Beschreibung der Stubenfliege, und anderer Aufsätze, als besonders des neuesten aus dem Reiche der Pflanzen, herrühre, welches so viele Entdeckungen enthält, daß man den Freunden der Naturgeschichte ein gegründetes Verlangen nicht verdenken kan, welches sie auch nach dem andern Theil dieses prächtigen Werkes haben.

Der Vorwurf, wozu alle die mikroskopischen Spielwerke nutzen? wird wohl sehr unerheblich seyn, und in unsern ökonomischen, und zugleich zum Luxus so sehr geneigten Zeiten, nur von denen können gemachet werden, welche nicht Wissenschaft noch Vergnügen von den Vortheilen haben, welche entstehen, wenn man der Natur in ihrer Haushaltung frey zusehen darf, und wenn man die Erlaubniß hat, den Schleyer aufzuheben, womit sie ihre Reize theils für Gleichgültige und Sorglose verdecket, theils die Wißbegierigen locket, und zu fruchtbaren Schlüßen leitet, immer aber, auch für diese, noch einigermaßen zurückhaltend bleibet, um keinen Ueberdruß zu erwecken, oder sie glaubend zu machen, sie völlig in ihrer Gewalt zu haben. Da man jeder guten Art von Beschäftigung ihren Werth, so wie überhaupt jedem das seine laßen muß, so kan man auch diejenigen, welche die mikroskopischen Beschäftigungen nicht gehörig schätzen, auf die Schutzschrift verweisen, die der verdiente Herr Ritter von Linne für solche *) neuerlich verfaßt hat, welcher schon vor dem in einer andern Schrift, die Spötter, deren Geschmack für das Amusiren der reineste eben nicht ist, und deren Sinnlichkeit, Vergnügungen von andern Arten, davon zwar die Natur den rechten Gebrauch den Weisen auch nicht versagt hat, zu sehr schätzet, abgeführet **), und auch die, welche bey Erblickung der gezeigten besondern Gegenstände, mehr komische, als wahre, Naturalisten machen, oder es höchstens dabey bewenden laßen, zu sagen: das ist artig.

Außer dem, daß uns die Vergrößerungsgläser neue Welten und Aussichten im Thier- und Kräuterreich entdecken, schließet man aber billig den Nutzen derselben in Un-

X 2   tersu-

* Mundus invisibilis Diss. Upsal. 176-.

** Q.. v. n h.storie naturalis: CUI BONO? Upsal. 1752. Amoen. acad. Vol. III. p. 191.

Vorrede.

ſerſuchung lebloſer Körper auch nicht aus, ob man ſchon die Configuration, Structur, Lage der Theile, und auch die Bewegung einer jeden Molekul nach ihren eigenen Geſetzen, und die willkührliche Bewegung belebter Geſchöpfe *), im mindeſten nicht für eines halten darf. Die Beobachtungen der beſtimmten Configurationen der Salze, z. E. die jeder Art derſelben eigen ſind, hat man zwar nicht jetzo zu erſt angeſtellet; aber wie vieles blieb davon gleichwohl den folgenden Zeiten aufbehalten? Und wie ſehr wäre zu wünſchen, daß wir von den Eigenſchaften der Salze, in aufgelöſeter Form, in welcher ſolche eigentlich mir wirkſam ſind, durch die Mikroskope genauer mögten unterrichtet werden. Ich glaube aber gleichwohl, daß unter die gläſernen Werkzeuge, die ein Chymiſt gebrauchet, itzt auch die Vergröſſerungsgläſer mit gerechnet werden müſſen. Ich weiß nur gar zu wohl, daß man nicht Urſach habe, aus den äuſern Eigenſchaften der Körper, und deren Aehnlichkeit unter einander, ſomit auch aus der Aehnlichkeit der Cryſtallen, auf die Aehnlichkeit der innern Theile derſelben, deren Miſchung, und davon abhangende Wirkungen, ſo unbedingt zu ſchlieſen **). Es iſt doch aber ein beſonderes Vergnügen, das nachhero bey weiterer Unterſuchung in der That zu finden, was man vorhero mit Grunde gemuthmaßet, wenn man unter einem getreuen Mikroskop, ohne Vorurtheil, und bey einer behutſamen, und durch wiederholte Uebungen verſicherten, Beobachtung, ſchon zum voraus, und im kleinen, eine Sache ſo betrachtet, wie ſie aus der Hand der Natur kam, ohne ihr durch das, oft verändernde, Feuer Gewalt anzuthun; oder wenigſtens durch das Mikroskop ſchon eine Anleitung zu bekommen, was man zu erwarten, und worauf man die fernern Unterſuchungen zu richten habe. Mir iſt es oft ſehr angenehm geweſen, in vorher noch unbekannten Waſſern, oder andern flüſigen Dingen und Solutionen, durch Hülfe des Mikroskops, und der unter demſelben ſich ergebenden Configuration, diejenigen, und oft in einerley Auflöſung verſchiedenen Salze, und andere Beſtandtheile, vorläufig zu ſehen, und ſchon vorher von ihrem Daſein verſichert zu werden, ehe ich nach fernerer, allemahl nöthig bleibenden Bearbeitung, von ihrem Gehalt mich gewiſſer überzeuget hatte.

Bey allen dem aber, was uns die Vergröſerungswerkzeuge zeigen, bleibt uns doch noch manches übrig, welches wir gerne wiſſen mögten, da es uns zu natürlich iſt immer weiter zu fragen, bis man irgendwo ſtehen bleiben muß. Es iſt nach unſern unvergeßlichen Chladenius, eine Kunſt, zu ſehen ***), und das Geſehene zu beurtheilen. Ein Naturforſcher

*) Neulich hat der Herr Abt Spallanzani, der Herren von Buffon und Needham Molekuln von neuen gründlich und beſcheiden geprüfet, und auch da Thierchen angenommen, wo man nur Molekülen ſehen wollen. S. deſſen Phyſ. und Math. Abhandlungen. Leipzig. 1769. S. 136. 205.

**) Periculo microscopico Chymica, circa Sal Seri. Erlang. 1766. L. 10. 11. Erlang. Gel. Zeitungen. 1770. n. X.

***) Fränk. Sammlungen 21. St. S. 210.

Vorrede.

forscher bescheidet sich oft, nach langen Bemühungen, und bey sorgfältiger Verhütung eines Betruges, den man den Sinnen, und einer Uebereilung im Schließen Schuld giebt, bey dem Unterschiede der Bemerkung deßen, was in der Natur der Dinge selbst lieget, und was äußere Umstände in die betrachteten Gegenstände für Einfluß haben können, daß er doch noch nicht mit seiner Entdeckung zu Ende sey, ob es gleich auch erlaubt scheinet, zuweilen beträchtliche Wahrscheinlichkeiten so weit zu treiben, als es, den vorliegenden Gründen nach, thunlich ist. —

Wie in der Geschichte der Erzeugung überhaupt so vieles verschieden, uns noch manches dunkel, und mancher Begrif negativ ist, so scheinen auch die in gegenwärtiger Schrift so mühsam beschriebene Thierchen von den bekannten Arten der Fortpflanzungen ebenfalls eine besondere Ausnahme zu machen. Indeßen ist es doch vielleicht möglich, daß sich der Vater derselben einmahl zu erkennen giebt. Hat es doch vormahls so schwer gehalten, das Männchen der wahren und geflügelten, so fruchtbaren, eigentlichen americanischen Cochenille, die sich nicht verwandelt, zu entdecken; so daß man lange gezweifelt hat, ob auch ein solches existire. Selbst Reaumur hat aber endlich ein geflügeltes Insekt dafür angenommen, welches man bey dem Anfange der Befruchtung, der, ihm ganz unähnlichen, Cochenille bey ihr antrift *).

Die Voraussetzung der Nothwendigkeit zweyer Geschlechter, oder zweyer wirkenden Wesen, zu einer Zeugung, hat bereits vormahls die Alten dahin gebracht, solche auch im Mineralreich, und zugleich eine Menge Verwandschaften, Liebhabereyen, Prätensionen, und Präferenzen, und daraus entstehenden andern Verbindungen, und Erzeugungen, anzunehmen, wo man gleichwohl keine solche Organisation, als bey den Thieren und Pflanzen wahrnimmt. Und in den neuern Zeiten sucht man diese Hypothese wieder zu bestättigen. So glaubt zum Exempel der Herr von Linne **), das Meer empfange von der Luft, und gebähre einen Sohn, das Salz, und eine Tochter, die Erde, und ernähre seine Stieffkinder, die Pflanzen und Thiere. Die Salze seyn die Väter der Steine, und deren Mütter die Erden. Die Gewächserde sey die Inclination des Salpeters, und der Kalch die Gemahlin des Natrum. Aller Kalch sey jedennoch, nach dem Herrn von Linne, aus dem Thierreich entstanden ***). Außer andern Bedenklichkeiten bey diesen Sätzen, fragt es sich aber, wo solchen die Thiere vorher hergenommen? Wiederum aus dem Meere! So ist also die Nahrung der Thiere, so wie sie selbst, die

X 3 Man

---

*) Diff. purpurae e Coccinella in mododo dignitas. Erl. 1753. p. 12.
**) a LINNE. Syftem. Natur. Tom. III. Hal. 1770. p. 5. 7.
***) p. 36. 40. 6.

Vorrede.

Materie der Schneckenhäuser, und Schaalthiere, und der Bestandtheil des Kalchs, den sie nachmals erst ganz abgegeben haben sollen, doch wohl zuvor schon da gewesen?

In der That, man siehet nicht, wo man bey diesen Fragen und Antworten stehen bleiben soll, oder ob man sich nicht in einem Cirkel befinde, an statt daß man nun glaubt, eine Geschichtserzählung vor sich zu haben, wo es gleichwohl mit dem Hergange noch nicht so richtig scheinet, und wo noch gewisse Dokumente und Anecdoten nöthig scheinen, aus welchen zuweilen erst begreiflich wird, was für besondere Begebenheiten auch oft für einen sonderbaren und unvermutheten Ursprung haben.

Aber auch eine Wirkung kan mehr als eine Ursache haben. Man fühlet es sticht etwas, oder reizet, oder erreget Jucken. Insekten stechen, beißen und saugen. Ein Dorn und eine Nadel sticht auch. Aber auch Salze, und chymische Schärfen, jede nach ihrer Art, stechen und reizen. Diese äzen, zerfressen, und reiben auf, und die Milben thun dieses auch, Insekten, die auch oft nur das Mikroskop zeiget, wühlen sich, und ihre Eyer, wohl auch in die Haut der Menschen und Thiere, kriechen unter ihr fort, erregen Beulen und Ausschläge. Entstehen aber die hizigen Ausschläge, und Beulen, blos von Milben, die etwan in den Säften des Körpers wären, und die die schweißtreibenden Arzeneyen nach der Haut treiben sollen *)? Oder sind andere Ausschläge, ohne Fieber, nicht Wirkungen böser Säfte, in schlecht beschaffenen soliden Theilen, die wir oft heilen, ohne blos wurmtödtende Dinge zu geben. Sonach kommt es auf eine genaue Untersuchung an, wovon man eine gewisse Wirkung, in einem gegebenen Fall, nun eben herzuleiten hat. — Die Gewitter, die Nordlichter, die Erdbeben, sind nun electrische Erscheinungen, da man von solchen etwas durch electrische Versuche nachmachen kan, auch sich in der Luft ähnliche Erscheinungen, ohne unsere Bemühungen, ergeben. Wie aber, wenn man durch gewisse Mischungen substantieller, entzündbarer und elastischer Dinge, nach der Art und Verhältniß ihrer Mischung, auch ähnliche Wirkungen hervor bringt? Sollten sich nicht überhaupt verschiedene Erklärungsarten, und Systeme, anstatt immer ein neues nach dem andern anzunehmen, unter sich vergleichen lassen? Wir kennen z. E. einen schmelzenden, zündenden und zerschmetternden Bliz. Wir kennen aber auch ein Schießpulver, ein Knallpulver, ein Pulver, so die Metalle im Augenblick schmelzet, und so vielerley Wirkungen der Feuerwerkerey **). Wir können feuerspeyende Berge, und Erderschütterungen einigermaßen nachmachen. Wir können auch die Wirkungen des Druckes und der in eine besondere Elasticität, und zitternde Bewegung, gesetzten Luft. — Die Sonne, Planeten und Cometen, leuchten, glüende Kohlen und angezündete Lichter, sowohl

*) LINN. Mater. med. l. I. de plant. n. 72. Exanthematici. Bezoardica Acaros expellunt.

**) Angel. Samml. XI. St. S. 353. u. s.

Vorrede.

wohl der electrischen Funken, als der von Stahl und Stein, und der im Mittelpuncte des Brennglases und Spiegels, der verschiedentlich zubereitete Phosphorus, die Irrwische, die Sternschnuppen, die fliegenden größern Laternenträger, einige kleinere Land = und See= insecten, und außer noch andern Dingen, auch faules Holz, leuchten auch: nicht alle aber auf einerley Art, oder unter einerley Modification so wie uns auch, bey verschiedenen Krank= heiten der Augen, feurige Funken vor demselben herumzufahren scheinen, die gar nicht da, und blos Phantomen von einer ähnlichen Empfindung sind, die gleichwohl, wie die Ein= bildungskraft überhaupt, nicht in einer blosen Willkühr beruhet. Wir haben unter den Fossilien etwas dem Flachs ähnliches, wir haben ferner Pflanzen, die Seide und Woll= tragen, und, außer den eigentlich Haare und Wolle tragenden Thieren, haben wir auch vielerley Insekten, die Wolle zeugen, und Seide spinnen: und von ihnen unterscheiden sich wiederum Menschen, die auch spinnen, und vielerley Werke weben, wobey es nur oft auf die Kleinigkeit ankommt, ob sie, da die Originalität ist ziemlich rar ist, wie Tristram Sandy sagt, wirklich selbst, und aus sich selbst, oder alsdann auch so schön, spinnen, als die Maulbeerraupe. — Das Wachsen, und Sprossen in Aeste und Zweige scheint dem vegetabilischen Reich eigen zu seyn, und doch äusert sich, außer den äusern und innern Gewächsen, die wir in Krankheiten, in fadigten, röhrigten, knochichten, und andern Thei= len, wahrnehmen, auch etwas ähnliches, und gar nun Reproductionen der Köpfe, Arme und Beine, an einigen thierischen Körpern, nicht allein an Krebsen und Polypen, sondern nun, auch nach dem Herrn Spallanzani, an den Schnecken und Wasserendecen *), so wie sich auch im Mineralreich Gewächse, verschiedener, und theils beständiger, Art, ob= schon ohne eigentliche Organisation, bilden. — —

Wie mannigfaltig ist die Natur bey so unzähligen Gegenständen! und noch ist uns die Kette in allen ihren Verbindungen nicht ganz sichbar, in der sich die Wesen einander nähern, sich entfernen, oder ausbilden, sich veredlen oder minder achtbar werden. So behutsam man eine Naturbegebenheit von allen Seiten, und jede nach ihrer eigenen Be= schaffenheit, zu beobachten hat, und mit so sanften Entzücken man dem Wink der Natur folgen darf, so ist es doch auch oft erlaubt, sie mit Feuer und Eisen zu begleiten, wie Ba= co spricht, wenn sie uns diese Waffen selbst, als Schlüssel zu ihren Geheimnißen, in die Hand giebt, und uns antreibt, aus dem, was aufgeschlossen ist, auf das noch verborgene zu schliesen, von dem Entdeckten aber auch, mit Rechtschaffenheit und Geschmack, und ohne etwas zu outriren, zu den besten Endzwecken Gebrauch zu machen. — —

Man

*) Phys. und Math. Abhandl. S. 42. 47. welcher auch ißt unter die lebendig gebährende Thiere, die Frösche rechnet, und da in jedem Ey des Froschlaichs schon das Froschfischgen zusammengewickelt liegt. S. 35. aber vielleicht könnten, aus eben dem Grunde, auch andere besruchtete Eyer legende Thiere unter die lebendig gebährenden gehören?

Vorrede.

Man wird allezeit edel denken, wenn man den vornehmen Herrn Verfasser dieser Schrift Gerechtigkeit wiederfahren läßet, daß der Theil ihrer Zeit, den sie auf die Naturgeschichte wenden, gewiß wohl verwendet sey. Aber noch schätzbarer müssen ihre Bemühungen seyn, da sie in die ihnen vorher unbekannten Gegenden, auf selbst gebahnten Wegen, gelanget sind. Ihr Führer war ihr eigenes Genie. Zu einer eigentlichen systematischen Gelehrsamkeit niemals besonders angeführet, leitete sie das eigene Nachdenken auf höhere Gegenstände, als die sind, welche man gewöhnlich schätzet, wenn man es für einen Vorzug hält. Welt zu haben, ist der man, bey aller gesittenden und wahren Hochachtung für den bessern Theil der glänzenden Welt, dennoch auch, bey allen scheinbaren, oft das Reelle nicht so leicht, und manches nicht am rechten Orte, findet. Verschiedene mechanische Wissenschaften hatten sie schon lange beschäftiget, und sie hatten sich eine Fertigkeit, wie im Zeichnen und Abbilden, so auch im Arbeiten selbst, zuwege gebracht. Mit den Augen des Verstandes verbanden sie die Anwendung der mikroskopischen Werkzeuge, um die Natur oft im Werk anzutreffen, die wie größer, als im Kleinsten ist. Sie erholten sich Raths bey andern großen und schönen Geistern, und folgten ihnen mit großen Schritten. — Eine besondere Bescheidenheit macht gleichwohl, daß, so sehr begierig man, bey so großer Verschiedenheit des Verdienstes, auf den, oft so zweydeutigen, Nahmen eines Gelehrten zu seyn pfleget, sie dennoch in einer gewissen Verleugnung auf diesen Anspruch stehen, und ich kan dieses so noch für keinen Trotz halten, da ich auf der andern Seite, nach der mir mehrere Jahre gegönnten Gewohnheit, und Freundschaft, wahrgenommen, daß sie bey wahren Gelehrten, die bey dem besten Wissen, auch das beste Herz haben, und sie so sehr schätzen, lieber dennoch eine gewisse Nachsicht verlangen.

Wenn man diejenigen schon ehedem für glücklich gehalten hat, die die Liebe zur Wahrheit gerühret, und die die Ursachen und Endzwecke der Dinge überhaupt zu Stande gewesen sind, zu erkennen; so wird wohl ein Naturforscher, der ein wahrer Weltweiser ist, sich oft allein genug, oder sonst glücklich seyn können, wenn er seine Kenntniß erweitern, solche mit Klugheit, und dem besten Willen, verwenden, und doch die Welt, wie sie ist, mit, im Sehen geübten, Augen, ansehen kan.

Ich habe nicht Ursach zu befürchten, mich zu irren, daß man von dieser Seite, so wie andere angesehene Schriftsteller, Naturforscher, und Liebhaber der Naturkunde, vom Stande, so auch den würdigen Herrn Verfasser dieser Schrift, mit dem Beyfall des Publikums, erblicken werde. Geschrieben Erlangen auf der Friederichs Alexandrinischen Universität, den 21. Merz.

D. Heinrich Friederich Delius.

Versuch
einer
Geschichte der Blatläuse und Blatlausfresser
des Ulmenbaumes.

Der Ulmenbaum, der, wegen seiner dick belaubten Zweige, eine Zierde der Gärten ist, gibt einer Art Insekten, die wir Blatläuse nennen, auf seinen breiten Blättern Wohnungen, in solcher Menge birnförmiger Blasen, daß sich, wenn sie in der Mitte des Brachmonats ihre Vollkommenheit erlanget haben, Aeste und Zweige davon biegen.

Die erste Figur der ersten Tafel zeiget ein solches Blat, das an der Spitze einige dieser Blasen von verschiedener Größe trägt. Die ersten habe ich zu Anfang des Maymonats, da sie noch sehr klein waren, aufgemacht. Ich fand ein einiges braunes, dickleibiges, ungeflügeltes, sehr kleines Insekt darinnen, welches in allem so viel ähnliches mit den genannten Blatläusen hatte, daß es mir nicht schwer fiel, es daher zu erkennen. Leuwenhoeck, Harsoecker,

A   de

❇ ◻ ❇

de la Hire, Malpighius, Cestoni, Geofroi, Bonet, Baun, Lyonet, Trembley,
Reaumur, de Geer haben schon diese kleinen Inselten anderer Arten ihrer besondern Aufmerksamkeit gewürdiget. Einige dieser Naturforscher haben sie mit aller erdenklichen Sorgfalt beobachtet. Sie sind ihnen gleichsam auf den Fuß nachgefolget, ihnen das Geheimniß
ihrer bis hieher in der Natur noch nicht bekannt gewesenen Fortpflanzungsart abzulernen. Es
gehören dieserwegen die Blatläuse mit Recht zu denjenigen Inselten, die die Wißbegierde der
Naturforscher gereizt haben. Auch mich hat die Tiefe der hier verborgenen Geheimnisse nicht
abgehalten, mich mit ihnen bekannt zu machen. Vielmehr habe ich geglaubt, daß ich meine
Aufmerksamkeit keinem würdigern Gegenstand widmen könnte, als diesen, den meisten Menschen verächtlichen, Creaturen. Die Natur scheinet uns gleichsam durch ihre kleinsten, ihre al-
lergrösten Werke zeigen zu wollen. Diese Betrachtung, und der Trieb, den ich bei mir füh-
le, die Wahrheit aufzusuchen, wo ich sie zu finden vermeine, sind auch hier die Führer gewesen, denen ich mich überlassen habe.

Dem Herrn von Reaumur, der so viele Arten der Blatläuse beschrieben, hat es vermuthlich an Gelegenheit gefehlet, die gegenwärtige genauer kennen zu lernen. Ausserdeme
er mir, an statt mich diesen mühsamen Untersuchungen zu unterziehen, das reitzbare Vergnügen gegeben haben würde, die seinen zu lesen, und von ihm unterrichtet zu werden. Indeß-
sen ist das wenige, so er im dritten Theil seiner vortreflichen Insektengeschichte davon gesagt
hat, Beweis genug, daß ein Genie, wie das Seinige war, um richtig zu schlüßen, eben nicht
auch immer sehen müsse.

Der Arten der Blatläuse giebt es gar viele. Ihr Geschlecht heisset bei dem Ritter v. Linné, Aphis, und er zählet fünf und zwanzig Arten.[*] Vielleicht giebt es ihrer annoch
mehr. Sie bewohnen nicht nur Blätter und Aeste der Pflanzen, sondern auch Rinde,
Holz und Wurzeln Der Herr von Reaumur ist deswegen sehr geneigt gewesen zu glauben, daß wohl selten eine Pflanze gefunden werden dürfte, deren Wurzel nicht eine oder die
andere Art dieser Insekten ernähre. Er hat sie auf den Wurzeln der Schafgarbe, der Cha-
mille, der Krautzunge, des Habers, des Sauerampfers, des Krons rc. angetroffen; und
man findet sie auch, auf der Eiche, der Linde, der Buche, auf den Pflaumen, den
Birn- Aepfel- Ahorn- und Ulmenbäumen; auf dem Hollunder, den Rosenstock, den Kraut-
blättern, den Brombeertraut, und auf gar vielen andern Pflanzen.

Der

---

[*] Syst. Nat. Tom. I. pag. 451. Nro. 193.

⚒ ▢ ⚒   5

Der Gestalt nach haben sie, wenigstens die Ungeflügelten, mehr Aehnlichkeit mit den Wanzen, als mit den Flöhen und Läusen. Indessen hat es den Franzosen beliebet, sie erstern (Puccrons), und den Deutschen, sie leztern beizugesellen. Der Kopf dieser Insekten ist in Vergleichung des Leibes klein, und mit einem an der Brust liegenden Saugstachel bewaffnet. Auf der runden Stirn, über den beeden Augen, stehen zwei Fühlhörner, die entweder gegliedert, oder nicht gegliedert sind. Sie haben einen kurzen Hals: theils eine kurze, theils gar keine sichtbare Brust; sechs Beine; einen dicken auf der Rückseite aufgeschwollenen Leib, der bei einigen Arten am Ende mit zwo trichterförmigen Röhrchen beseget, bei anderen kahl und ohne dergleichen Röhrchen ist. Einige sind mit vier Flügeln versehen, andere haben keine Flügel. Von Farbe findet man schwarze, grüne, gelbe, rothe, braune, weisse, glänzende als wenn sie gefirnißt wären, mattfarbigte und schmutzige. Nur die Mütter der Blatläuse auf den Ulmenbaume lieben die Einsamkeit; Alle übrige Arten leben gesellschaftlich, und sitzen öfters zwei und dreifach in unzehlbarer Menge übereinander. Sowohl die Geflügelten, als einige Arten Ungeflügelter, sind träge, und sitzen immer auf einer Stelle. Die fliegenden Blatläuse aber, von denen eigentlich hier die Rede ist, sind sehr lebhaft, und schwermen in der Gegend ihres Geburtsortes, wie die Schnacken, beständig in der Luft herum. Die meisten Arten häuten sich wenigstens viermal. Doch hat Herr Bonet von einigen des Hollunderbaumes nur drei Häutungen gesehen. Gemeiniglich legen sie nach einem Alter von drei Tagen die erste Haut ab, und so fahren sie, von drei zu drei Tagen, bis zur vierten Häutung fort. In den noch sehr kleinen Blasen des Ulmenblates habe ich Blatläuse gefunden, die sich schon in der Mitte des Mays einmal gehäutet hatten.

Die vier Flügel der geflügelten entwickeln sich erst bei der lezten Häutung. Sie bohren mit ihren Saugstachel so tief in das Holz, worauf sie sitzen, daß sie sich nicht leicht wieder los machen können. Herr Bonet hat gesehen, wie sich eine Blatlaus deswegen in einem Zirkel, wovon der Stachel das Mittel war, herum gedrehet hat. Dieser Stachel liegt in der Rinnenförmigen Vertiefung einer am Anfang breiten, und am Ende spizig zulaufenden Scheide, die bei einigen Arten mehr als noch viermal so lang als der Leib, bei anderen aber um zwei drittel kürzer, als derselbe ist. Es würde der Blatlaus im Gehen hinderlich seyn, wenn sie ihn nicht an die Brust, oder den Bauch, legen könte. Wenn ihrer viele beisammen sind, entziehen sie theils Pflanzen so vielen Saft, daß sie davon zu Grun-

A 2   de

be gehen. Andern saftreichen Pflanzen hingegen als wie den Hollunderbuschen, ist ihr Saugen ganz unschädlich.

Der Herr von Reaumur, für den ich, wenn mein Lob nicht zu weit unter seinen Verdiensten stünde, allzeit eine Lobschrift machen mögte, so oft ich ihn nenne, hat keine Gelegenheit verabsäumet, die Naturforscher zu warnen, nicht leicht Vergleichungsweise zu schließen. Indessen wollen doch die meisten, aus Verabsäumung dieser Vorsicht, alle Insekten aus Eiern zur Welt kommen lassen, weil die größte Anzahl derselben Ovipara oder Eierlegende Thiere sind. Aber die kleinen Blatläuse, diese verächtlichen Geschöpfe, entdecken uns abermal eine erstaunliche Kluft, zwischen den Werken der Natur und den Schlüssen der Menschen. Sie lehren uns, daß es ihrem großen Werkmeister gleichviel ist, ein großes Crocotill Eier legen, und eine kleine Blatlaus lebendig gebähren zu lassen. Mit diesem Wunder aber ist noch ein weit größeres vereiniget. Die Blatläuse, wenigstens die Abkömmlinge derselben, gebähren wider die allgemeine Regel, ohne vorhergegangene Paarung mit dem Männchen. Unter den vielen Versuchen, die dieserwegen von verschiedenen Naturforschern angestellet worden, verdienet derjenige des Herrn Bonets die erste Stelle. Er hat in ein und zwanzig Tagen eine Blatlaus, die er von dem Augenblick, da sie zur Welt gekommen war, von der Mutter weggenommen und von allen andern Blatläusen abgesondert hatte, bei einer sehr genauen und mühsamen Beobachtung, fünf und neunzig Blatläuse gebähren sehen. * Noch über dieses hat er, auf Verlangen der Königlichen Akademie der Wissenschaften zu Paris, diesen Versuch mit gleich glücklichen Erfolg zum zweitenmal wiederholet. Ein andermal ist er hierinnen noch weiter gegangen, und hat die Fortpflanzung ohne einige Begattung bis in das fünfte Glied gesehen. Gleiche Untersuchungen sind auch von Herrn von Reaumur und Herr Bonet geschehen. Es haben auch Leuwenboeck, Cestoni und Herr von Reaumur viele vergebliche Zeit und Mühe angewendet, und auch meine Bemühungen sind bishero fruchtlos gewesen, einmal eine Paarung unter diesen Insekten zu sehen. Herr Lyonet und Bonet aber waren gewissermassen hierinnen glücklicher, wenn sie nicht die Mücken, die Herr Cestoni auf die Blatläuse fliegen und ihre Eier an die untere Seite des Bauchs derselben ankleben sehen, für Blatläuse genommen haben.** Sie

ha-

* Hist. des Inf. Tom. VI part. 2. pag. 324. Edit. d Amsterdam.
** Hist. des Insectes Tom. III. part. 2. pag. 70.

haben Begattungen von verschiedenen Arten der Blattläuse, die die nemliche Stellung der gepaarten Fliegen angenommen hatten, gesehen. Der leztere dieser beeden Beobachter ist sogar ein Augenzeuge einer zweymaligen Wiederholung der Begattung zweier Blattläuse gewesen. Vielleicht hat Herr Frisch auch etwas dergleichen gesehen, weil er der Meinung war, daß die geflügelten Blattläuse die Männchen und die ungeflügelten die Weibchen wären. Denn erstere sind nach erstgedachter beeden Naturforscher Beobachtungen allzeit lezteren auf den Rucken gesessen. Es geschiehet aber nach ihrer Bemerkung diese Begattung nicht eher, als zu Ende des Herbstes; Zu einer Zeit, wo die gebehrenden Blattläuse, länglicht runde Körper, statt lebendiger Jungen, und welche kleiner als diese sind, von sich geben. Diese Körper hat man nun für Eier angenommen, die aber Herr von Reaumur mit mehrerer Wahrscheinlichkeit für tode Embrions gehalten hat, welche die Alten mit gleicher Vorsicht von sich geben, mit welcher die Wespen ihre Jungen bei Annäherung des Winters lieber töden, als sie einer langen Marter ausgesetzet wissen wollen. Es sind aber auch diese vermeinten Eier allzeit vertrocknet und schwarz geworden. Selbst Herr Bonet hat eine grose Menge derselben, die er auf den Zweigen der Eichbäume gefunden, sorgfältig aufbehalten und beobachtet, ohne daß er eine einige Blatlaus davon hätte zur Welt kommen sehen.

So weit ist man nun nach langen und vielfältigen Versuchen und Beobachtungen in Entwicklung dieser verborgenen Sache gekommen. Ich glaube nicht, daß wir Ursache haben, uns etwas darauf einzubilden. Ob wir schon mehr wissen, als Jacob Theodorus, der zu Ende des 16ten Jahrhunderts geschrieben hat: Oben an denselben (den Blättern) wachsen Bläslein oder Knöpflein darinnen die Feuchtigkeit erfunden wird, welche wenn sie trocken worden, so wird ein Würmlein daraus wie eine Mucke.* Aber wissen wir nun wohl weiter etwas von der wahren Beschaffenheit der Fortpflanzung der Blattläuse, als daß einige derselben ohne vorher gegangene Begattung Junge gebähren? Nicht einmal wissen wir mit Gewißheit zu sagen, ob diese Insekten durch ein Geschlechtszeichen unterschieden sind. Wenigstens ist etwas dergleichen weder von andern, noch von mir, annoch gesehen worden. Es ist also noch gar nicht ausgemacht, daß die fliegenden Blatläuse männlichen Geschlechts sind. Wir werden vielmehr in der Fortsezung dieser Geschichte gerade das Gegentheil sehen, weil nichts

A 3

ge-

---

* Tabernaemont. p. 1394. Cap. XXXVIII. vom Nußbaum.

gewissers ist, als daß alle geflügelten Blatläuse des Ulmenbaums, Mütter sind. Zum Unglück für die Naturkunde haben wir auch noch den Flor vor den Augen, der uns die Befruchtung bei den Polypen verbirgt, und wir müssen schweigen, wenn wir gefragt werden, wie es zugeht, daß die Kleister-Aale ihren Leib in dem Augenblick, da sie zur Welt kommen, mit Embryonen und jungen Aalen angefüllet haben.

Indessen dürfte wohl von allen bekanten Arten der Blatläuse keine geschickter seyn, das Geheimnis ihrer Fortpflanzung zu verrathen, als die gegenwärtige. Dieses war mein erster Gedanke, als sie mir das erstemal zu Gesicht kamen. Hier ist es nicht möglich, daß der Beobachter von der Natur hintergangen oder auf Irrwege geführet werde. Sie hat diese Insekten durch verschlossene Wohnungen von der Gemeinschaft aller anderer Geschöpfe abgesondert. Die Mütter bewohnen solche einige Wochen ganz alleine, und ihre Nachkommenschaft verläßt sie nicht eher, als bis sie alle Häutungen überstanden hat, und mit wohl gebauten Flügeln versehen ist. Bis dahin besteht das ganze Geschlecht aus lauter einzeln und solchen Familien, welche nicht die geringste Gemeinschaft mit andern haben. Diese Wohnungen sind nun die Birnförmige grüne Blasen Fig. I. a., welche keinen andern Eingang für die Luft haben, als die mit feiner Wolle verstopfte Oefnung auf der untern gegen die Erde zustehende Seite des Blates. Malpighius hat dafür gehalten, daß sie ihren Ursprung von den Eiern hätten, die die Mütter hineinlegten, wozu ihm die Entstehungsart der Gallen auf den Eichbäumen u. d. gl. verleitet hat. Der Herr von Reaumur hingegen, den auch hier seine Scharfsinnigkeit nicht verlassen, hat sie mit besseren Grunde für die Arbeit der Mütter selbsten angesehen. Er hat auch dergleichen Blasen mit den nemlichen Blatläusen, auf dem Terpentinbaum, und auf der Pappel angetroffen.

Jedoch ich will mich nunmehro zu der Beschreibung meiner eigenen Beobachtungen wenden. Ich werde hierinnen die Ordnung beibehalten, die mir theils die Natur, theils Zeit und Gelegenheit, angewiesen haben. Hieraus wird gewissermassen folgen, daß ich da anfangen muß, wo ich hätte aufhören sollen. Ich werde nemlich jetzt von den Müttern handeln, denn diese waren die ersten, so ich in den eröfneten Blasen fand, sodann aber erst in Bestimmung und Erklärung ihrer Herkunft, als dem allerwichtigsten und verborgensten Theil ihrer ganzen Geschichte, so weit gehen, als mir es in dieser so tief verborgenen Sache, mög-

möglich seyn wird. Es wird dieses der Gedult meiner Leser kaum so viele Viertelstunden kosten, als ich auf die Nachforschung des leztern Jahrs verwendet habe.

Zu Anfang des Maymonats, ehe die Blätter des Ulmbaumes die Hälfte der Größe von der ersten Figur erlanget haben, sind sie schon mit unzehlbaren kleinen Knöpschen besezt. Selten öfnet man eines dieser Knöpschen, ohne ein sehr kleines braunes Thierchen darinnen zu finden. Nur feine, ob zwar langsame, Bewegung unterscheidet es von einen leblosen Stäubchen. Mehnen starken Vergrößerungs-Gläsern hatte ich es zu danken, daß ich es für eine Blatlaus erkante. Fig. 2.

Mit der Mitte des Brachmonats haben sowohl die Blätter, als die erstgedachten Knöpfe, welche wir nun als Birnförmige Blasen Fig. I. a. sehen, ihre vollkommene Größe erlangt. Diejenigen Blasen, so um diese Zeit diese Größe noch nicht erreichet haben, sind entweder verlassene Wohnungen; oder man findet eine todte Blatlaus darinnen. Alle diese Blasen bestehen aus einer saftigen, fleischigten und festen Haut. Die enge Oefnung auf der untern Seite des Blats, welcher wir schon gedacht haben, erweitert sich, wie die Blase von vorne an Dicke zunimmt, wodurch dann die für ein so kleines Insekt sehr geraumige, von allen Seiten gewölbte, Wohnung entstehet. Aus den innern Wänden dringet beständig eine wässerigte Feuchtigkeit, von aussen aber ist die Haut trocken und glänzend. Die Oefnung einer solchen Blase geschiehet, ihre Einwohner nicht zu verlezen, am füglichsten, wenn man das Blat so zwischen beide Hände faßt, daß die untere Seite die oberste wird, und alsdann solches gemächlich von einander reißet, wodurch, weil hier der Eingang der Blase und das Blat also schon getrennet ist, diese leicht in zwei gleiche Theile getheilet wird, wie dieses die dritte Figur zeiget. Geschiehet diese Oefnung zu Ende des Maymonats; so findet man eine nunmehro ausgewachsene, aufgelaufene und dem Gebähren nahe, Blatlaus, in der Größe, wie Fig. 3. b. zu sehen ist, darinnen, welche ich mit Fig. 4 mit wenigen beschreiben will. Der Kopf scheinet mit einer Aschgrauen-Schale bedeckt zu seyn. Er ist rund, etwas spizig zulaufend, und nur an der Stirn etwas eingebogen. Jedes der zwei Fühlhörner ʃ ruhet auf einen Knoten, und bestehet aus einem Stück. Nahe hinter solchen sind zwo Wärzchen. Daß dieses die Augen sind, sezt die zweite Figur, wo die Augen, bei der noch jungen Blatlaus, sichtbarer als hier sind, ausser Zweifel. Nach dem Kopf folget das sehr schmale Brustschild, vorn einer mit

dem

dem Kopf gleichfärbigen, aus drei Abtheilungen bestehenden, Hornhaut. Hernach zeigen sich einige Falten, als der Anfang des sehr dicken und aufgelaufenen Ruckens. Wobei dieses eine nicht mit Stillschweigen zu übergehende Merkwürdigkeit ist, daß diese Mütter viel leichter die einigen in der Natur sind, deren Buckel die Steile des Bauches vertritt. Denn nur dieser, und nicht der Bauch, wird durch die der Geburt nahen Jugend, aufgetrieben. Der Leib ist auf beiden Seiten mit einem breiten hervorstehenden Wellenförmigen Rahm umgeben. Die Ringe desselben sind, weil der Rucken, so sehr aufgetrieben ist, nicht so sichtbar, daß sie zu zehlen wären. Die Haut des ganzen Insekts ist rauh, ohne Glanz, wie ein Blase mit Adern durchzogen und von schmutzig grüner Farbe. Der Beine sind sechs. Die vordern sind die kürzesten, und die hintern die längsten. Sie bestehen aus dem Kerngelenke; dem Schenkel; dem Schienbein; und dem mit zwo Krallen versehenen Fußblat. Diese leztern Theile sind bei der fünften Figur am besten zu sehen, wo sich auch der Saugstachel in seiner dicken und kurzen Scheide zeigt. Nur an Farbe ist sie von der erstbeschriebenen grünen Blatlaus unterschieden. Weil ich unter mehr als 100 Blasen, die ich nach und nach eröfnet habe, nur die einzige von dieser Farbe angetroffen; so habe ich sie zu dieser Verstellung erwählet. Ihre gelbe Farbe lies mich auch die Abtheilungen des Leibes, und die an den Seiten befindlichen Luftlöcher e. besser sehen, als es die dunkle Farbe der andern gestattete. Der neunte und lezte Ring des Leibes ist am Ende mit vieler geträuselten weißen Welle besezt, die eine vierseitige Oefnung d. bedeckt, von der ich nicht sagen kan, ob sie das Geburtsglied, oder der After, der Blatlaus ist, weil ich keiner zwoten Oefnung, ohneractet der starken Vergrößerung, gewahr werden konte. An den beeden äusern Seiten des Bauchs, wird man auch auf jedem Ringe einiger beisammen stehender Punkte c. ansichtig, die vielleicht zum Auegang der Luft bestimmet sind. Von der Seite habe ich diese Blatlaus mit der sechsten Figur darum nur durch ein schwaches Suchglas abgebildet, damit ich die wahre Gestalt dieser Insekten noch deutlicher machen möge. Bei dieser gelben Blatlaus habe ich nur ein einiges Junges in der Blase, auch keines mehr in ihrem dieserwegen geöfneten Leibe gefunden.

In der ersten Woche des Brachmonats fangen die Mütter an, sich ihrer Jungen zu entledigen. Zu dieser Zeit öfnet man keine der grosen Blasen, wo man nicht zwanzig, dreißig, bis vierzig Junge bei der Alten antrift. Ueber vierzig aber habe ich niemalen gezählet. Die Alte abgemattete und nun ihrem Ende nahe Mutter, sieht man alsdann

mit

mit langsamen Schritten unter ihrer lebhaften Nachkommenschaft herum gehen. Gemeiniglich bringt eine Blatlaus, wie ich dieses an denen des Hollunders bemerket habe, drei oder vier Minuten mit der Geburt eines Jungen zu. Dieses kommt mit dem Hintertheil seines Leibes zuerst zum Vorschein, und hat, wenn es etwas über die Hälfte gebohren ist, das Ansehen eines grünen Wurms ohne Füsse. Jedoch die Füsse werden bald hernach sichtbar, indem es solche von sich streckt, sich damit anklammert, und, indem die Mutter vorwärts geht, seine Geburt dadurch befördert.

Wir haben oben gesehen, daß die erste Häutung der jungen Blatläuse wenig Tage nach ihrer Geburt erfolget. Man öfnet auch keine Blase, wo nur zehen Junge gebohren sind, da man nicht auch schon ihre abgelegten Häute findet. Sie liegen meistentheils, in dem engesten Ort, das ist, am Anfang der Blase, beisammen. Fig. 3. f. Die Mutter ist auch öfters ganz damit überdekt. Eine sich das erstemal gehäutete junge Blatlaus ist mit der 7ten Figur stark vergrössert vorgestellt, und die abgelegte Haut Fig. 9. An dieser jungen Blatlaus sind die nun schon sichtbaren, aber annoch wie angefüllte und übereinander liegende Blasen geformte Flügelscheiden g. und die Augen, als vier von einander abgesonderte dreiseitige Dupfen h. merkwürdig. Bei der dritten Figur auf der zweiten Tafel des Anhangs meines Neuesten aus dem Reiche der Pflanzen, sehen wir fast gleiche Veranstaltungen der Natur, bei den Augen des jungen Blatlausfressers, welche uns zu einen sichtbaren Beweis dienen, daß die Augen der Insekten, aus mehreren kleinen Augen zusammen gesetzet sind. Acht oder zehn Tage hernach, da die jungen Blatläuse sich indessen noch ein paarmal gehäutet haben, und mehrers erwachsen sind Fig. 10. h, haben sich sowohl die erstgedachten vier rothen Dupfen auf den beeden Seiten des Kopfs, in zwo rothen Halbkugeln a. vereiniget, als auch die Flügelscheiden b. oder vielmehr die noch zusammen gepackten Flügel selbsten, geformet, auch sich alle übrigen Theile des Insekts mehr entwickelt, und in der Farbe verändert.

Der Anfang der dritten Woche des Brachmonats ist die gewöhnliche Zeit, wo die ganze Nachkommenschaft einer Blatlausmutter die lezte Häutung überstanden hat, und mit ausgestreckten Flügeln versehen ist. Zu dieser Zeit sind die Blasen mit Blatläusen und Häuten gleichsam ausgestopfet. Die Mutter trift man alsdann in einen sehr kläglichen Zustand an. Kaum kan sie mehr von der Stelle kommen. Und ihr zuvor aufgetrie-

B

triebene gewesener Leib, ist nun wie eine luftleere Blase verschrumpfelt, und zusammen geschrumpft. Keine harten Excremente findet man nicht in den Tiefen, hingegen die innere Wand derselben so naß, als wenn sie mit Waßer benetzt wäre, welches vielleicht von der Flüßigkeit ihrer Excremente herrühren kan.

Nunmehro machen sie die Veranstaltung zu ihrem Auszuge. Zu dem Ende eröfnen sie ihre bisherige Wohnung von innen. Wie es dabei zugeht, und ob diese von der alten Mutter, oder den jungen Blatläusen, geschiehet, können wir nicht sehen. Zu vermuthen aber ist es, daß sich die jungen Blatläuse, dann die alte dürfte hiezu wohl zu unkräftig seyn, an dem Ort, den sie durchbrechen wollen, versamlen, und mit vereinigten Kräften dieser Stelle den Saft entziehen, damit die Haut der Blase daselbsten aufspringe, und sich ein Thor für sie eröfne. Gemeiniglich siehet man diese Oefnung an dem vordern dicken Theil, und sehr selten mehr als eine an jeder Blase. Sie sind fast allzeit viereckig, und wie die aufgerissene Rinde des Brots aufgeworfen Fig. 1. k. Durch diese Oefnung gehen nun diese Insekten aus ihrer kleinen Welt, in die größere über, um sich nunmehro mit den andern bishero von ihnen abgesondert gewesenen Familien zu vermengen und eine neue Lebensart anzufangen. Sie verlaßen ihren Geburtsort so bald nicht, denn man sieht sie verschiedene Tage, nach ihrem Auszuge in unzählbarer Menge um die Bäume, die sie ernähret haben, herumschwermen. Sie sind aber Fig. 11. so klein und zart, daß man viele Vorsicht gebrauchen muß, sie unbeschädigt unter das Vergrößerungs-Glas zu bringen.

Bis hieher hätten uns nun diese Insekten schon manchen wunderbaren Auftritt sehen laßen. Allein das folgende wird unseren Begriffen noch weit mehrers zu schaffen machen. Ich will den Fall setzen, man zeige demjenigen, dem das Außerordentliche, so hier vorgehet, neu und fremd ist, die vierte und sechste Figur der ersten, und die Figuren 12. und 13. der folgenden Tafel, und sage ihm, daß dieses Insekt ein Abkömmling von jenem sey. Man sage ihm weiter, daß das ungeflügelte Insekt, Fig. 4. ohne von einem Männchen befruchtet werden zu seyn, unter dreißig bis vierzig Jungen, die es in die Welt geleget, nicht ein einiges seines gleichen, sondern lauter geflügelte Insekten, gezeuget habe. Und daß endlich, wie wir bald sehen werden, alle diese jungen Blatläuse weiblichen Geschlechtes, und schon wieder befruchtet sind. Was wird wohl die Antwort seyn? Ge-

lächlachter und Unglauben. Wer weiß, wenn wir dieses zu den trüben Zeiten des Galiläus zu sagen gewaget hätten, ob uns nicht der Aberglaube genöthiget haben würde, diese Wahrheit, wie er, seine Lehre von dem Stillstand der Sonne, und den Umlauf der Erde, als erdichtet und fündlich zu widerrufen, und abzuschwehren. Wer hätte wohl die Natur bei einer solchen Abweichung von ihren Gesezen, und auf so unbekanten Wegen, anzutreffen vermuthen sollen? und hat wohl dieses fliegende Insekt mehr Aehnlichkeit mit seiner Mutter, als die Fledermaus mit dem Frosch? Eine Erscheinung, welche den organisch belebten Theilchen des Herrn von Büffon bei der Zeugung, abermalen einen starken Stoß giebt.

Damit wir aber das bisher gesagte noch mehr bestätigen ꝛ, so wollen wir uns die geflügelte Blatlaus etwas näher betrachten, und sie zugleich mit ihrer Mutter vergleichen. Dieses wird am füglichsten auf folgende Art geschehen:

Fig. 4. Die alte Blatlaus.	Fig. 12. Die junge Blatlaus.
Kurze ungegliederte Fühlhörner.	Längere viermal ungleich gegliederte, und wieder aus vielen kleinen Gliedern zusammen gesezte Fühlhörner.
Halbrunder, Hornartiger vorne etwas spizig zulaufender Kopf.	Breiter und weicher Kopf.
Kleine braune Augen.	Große rothe halb kuglichte Augen.
Kein Hals.	Ein schmahler Hals.
Kurzes Hornartiges Brustschild.	Langes häutiges mit drei Erhöhungen gewölbtes, und in der Mitte etwas vertieftes, Brustschild.
Runder und aufgeblähter Leib.	Langer gestreckter Leib.
Kurze nackigte Beine.	Lange mit Haaren besezte Beine.
Ohne Flügel, kriechend.	Vier Flügel, fliegend.
Grün von Farbe.	Dunkelbrauner Farbe.

Der Saugstachel, und die zween Hacken an den Füßen, sind die einigen Theile, die die Jungen mit den Alten gemein haben. Hingegen ist noch die Ungleichheit der Größe

B 2　　　　　　　　bei

beider Infekten merkwürdig, als worinnen die alte Blatlaus von der Jungen, wohl um die Hälfte, übertroffen wird. Insbesondere aber ist noch von leztern zu erinnern, daß ihre obern Flügel nicht unmittelbar an den Seiten der Brust befestiget, sondern vermittelst eines Wulstes mit dieser vereiniget, die untern kleinern Flügel aber, von den obern weit entfernet, am Ende der Brust angegliedert sind. Leztere haben auch eine von den erstern ganz verschiedene Form, und sind mehr als um die Hälfte kleiner als jene.

Beides Flügel Paar ist von so zarten Gefäßen zusammen gesezet, daß sie das feinste Spinnengewebe übertreffen.

Im Fliegen breitet sie diese Blatlaus, wie alle andere fliegende Infekten, von einander Fig. 12., im Sitzen aber bedecket sie ihren Leib damit, wie mit einem Dache. Fig. 13.

Ich habe oben gesaget, daß alle die geflügelten Blatläuse, die von einer ungeflügelten Mutter in den mehr gedachten Blasen gebohren werden, weiblichen Geschlechts sind. Hier ist nun der Ort, dieses auch zu beweisen. Es hat mich auch diese Untersuchung nicht mehr als ein paar Stunden Zeit, und etlichen und achtzig Blatläusen das Leben, gekostet. Die scheinbare Grausamkeit, die mir hier vorgeworfen werden könte, wird sehr ins Kleine fallen, wenn man sich den erstaunlichen Schwarm von Blatläusen, den ein einziger Ulmenbaum hervorbringt, vorstellen, und dieses geringe Opfer für die Wahrheit mit der Wichtigkeit der daraus fließenden Entdeckungen, abwägen will. Es schien mir auch dieser Weg viel sicherer, leichter und kürzer zu seyn, als derjenige war, der, wie ich oben angeführt, dem Herrn Bonnet eine fast ununterbrochene Beobachtung von 21. Tagen gekostet hat.

Ich eröfnete, mit schon angezeigter Vorsicht, zwo Blasen. In jeder derselben fand ich nach vollendeter Untersuchung vierzig geflügelte Blatläuse, bei ihrer halb todten Mutter. Ich nahm diese Blatläuse mit einer feinen Nadel, eine nach der andern, aus der Blase, legte sie auf das Schiebergläschen meines Mikroskeps, und drückte ihren Leib mit der Nadel, so lange, bis ich alles, was er enthielte, herausgedrucket hatte. Diesen Schicksal musten sich auch die andern vierzig Blatläuse der zwoten Blase unterwerfen. Nach je-

der

der Zergliederung unterſuchte ich mit einer ſtarken Vergröſſerung das Herausgedruckte Ei, groß war nicht mein Erſtaunen, als ich alle dieſe Thierchen, die noch nicht einmal des Tages Licht geſehen hatten, trächtig, und nicht eines darunter fand, das nicht ſechs oder acht junge Blattläuſe im Leib gehabt hätte. Ich erblickte ſie zwar Anfangs nur in der Puppengeſtalt Fig. 14. Allein als ich den Einfall hatte, dieſe Jugend zu baden, und ſie mit einem Pinſel, den ich in Waſſer getunkt hatte, zu waſchen, ließen ſich die zarten Fühlhörner und Auzen gar bald ſehen Fig. 15. Man wird nicht von mir verlangen, daß ich ihre natürliche Gröſſe vorſtelle, weil ſie nach der Oberfläche nicht weniger als 3721. mal kleiner ſind, als dieſe vergröſſerten Abbildungen. Dieſer glückliche Erfolg führete mich auf den Entſchluß, in dieſen Unterſuchungen noch weiter zurück zu gehen. Ich erwählte hiezu eine andere Art Blattläuſe, weil ich von der gegenwärtigen keine mehr von den Alter finden können, wie ich ſie zu dieſen Unterſuchungen nöthig hatte. Es ſind dieſe die grünen wolligten Blattläuſe Fig. 20., von denen wir hernach noch etwas vernehmen werden. Einige ſolcher Blattläuſe, die höchſtens ein Alter von dreien Tagen hatten, zerdrückte ich, wie die vorigen, auf den Schieberbläschen, und entdeckte, bei einer ſehr ſtarken Vergröſſerung, ſogleich ſolche Theile, wie ich ſie Fig. 16 vorſtelle. Ich würde die kleinen weiſſen eierförmigen Bläschen der zähen Feuchtigkeit, für die Eier ſelbſten genommen haben, wenn ich nicht von denen von gleicher Gröſſe damit vermengt geweſenen kleinen, theils Ey, theils Zirkelrunden gelben Körpern, hätte ſchlieſſen müſſen, daß ſie der Anfang der gröſſern Körper wären, deren zween von gleicher Farbe in der Mitte beiſammen lagen. Jedoch man wird wiſſen wollen, welche Stelle dieſe Körper in der Reihe der Dinge haben, und was ſie ſind. Dieſen Zweifelsknoten aufzulöſen, habe ich abermalen meine Zuflucht zum Waſſer nehmen müſſen. Ein ſehr kleiner Tropfen, den ich mit einem feinen Pinſel hinzu that, zeigte mir gar bald, was ich vor mir hatte. Ich durfte mit dem Pinſel nur ſanfte über die Objekte wegfahren; ſo kamen auch hier die zarten Füſſe der jungen Blattläuſe zum Vorſchein. So gar zeigten ſich auch, die dieſer Art eignen langen Fühlhörner, aber keine Augen waren nicht zu ſehen, Fig. 17. Eine jährige Gedult belohnte mich mit nachmaliger Gewißheit, daß meine erſtern Beobachtungen und Schlüſſe, ſo frei von Fehlern, als von Widerſprüchen, wären. Kaum war die Zeit vorhanden, daß die Blaſen auf den Blättern meiner Ulmenbäume ihre gehörige Gröſſe erlangt hatten, als ich einige derſelben eröfnete, und bei drei oder vier täglichen Blattläuſen, wiederum alles dasjenige ſah, was mir ein Jahr zuvor die kleinen grünen Blattläuſe von gleichem Alter

ge-

gezeiget hatten. Ich folgte mit diesen Versuchen dem Wachsthum der jungen Blatläuse von Tag zu Tag, bis ich endlich bei solchen, die ich mit der zehnten Figur abgebildet habe, die entwickelte, nunmehro völlig sichtbare Puppen Fig. 18. erblickte, deren Beine und Fühlhörner das Wasser bei jeder Benetzung ebenfalls absonderte.

Hier hätten wir nun eine Sache vor uns, die sogar von denen bewundert werden muß, welche auf den Stelzen ihrer eingebildeten Weisheit einher treten, und über alles hinweg zu sehen glauben. Was würden wir dazu sagen, wenn man uns ein schwangeres Mägdchen von einigen Wochen zeigte? Man vergebe mir das Gleichnis. Aber verhält es sich denn wohl anders mit diesen kleinen Geschöpfen, den jungen Blatläusen? Kommen sie nicht schon befruchtet auf die Welt? O! wie wahr und mehr als wahr ist es, daß wir noch weit entfernet sind, alle verneinende Fälle allgemeiner Regeln in der Natur zu kennen. Je weiter wir aber in gegenwärtiger Untersuchung kommen, je wichtiger werden die Fragen, und je schwerer werden sie zu beantworten. Eine kleine Rücksicht von der Stelle, worauf wir jetzo sind, auf das vorhergehende, wird uns von selbsten auf diese Fragen führen. Wir haben in Frühjahr kleine wohl verschlossene Blasen, die sich gar bald um vieles vergrößert haben, auf den Blättern des Ulmenbaumes angetroffen, darinnen fanden wir ein kleines Insekt. Fig. 2. Als die Blasen ausgewachsen waren, erblickten wir in solcher ein größeres, diesem kleinen wenig mehr ähnliches Insekt; Fig. 4. Bei diesen trafen wir später eine Menge geflügelter Insekten an, die alle schon in den ersten Tagen ihres Daseyns befruchtet waren. Wir sahen sie aus ihren geöfneten Wohnungen hervor kommen, und in unzählbarer Anzahl um die Zweige des Ulmenbaumes herum schwermen.

Wie, und durch welche äußerliche oder innerliche Ursachen, entstehen nun die zu einer so ansehnlichen Größe erwachsenden Blasen auf den Blättern des Ulmenbaumes? Wie, wenn, und auf was Art, kommt das Insekt Fig. 2., so wir Anfangs darinnen finden, in die Blase hinein? Von welchen Aeltern stammt es ab? Welches Insekt ist das Männchen dieses Weibchens? und wie kan es in seinem Gehäuse von allen lebendigen Geschöpfen abgesondert, befruchtet werden. Wie, und wodurch, werden seine Jungen fruchtbar? Wo werden die Jungen der leztern hingesezt, und erzogen? Wes Geschlechts sind diese Jungen? So gerne ich auch diese Fragen bestimmt beantwortete, und so groß meine Hofnung war,

mich

mich, in acht auf einander folgenden Jahren, in welchen nach mir diesen Untersuchungen beschäftiget, hiezu geschickt zu machen; so wenig hat mir es jedoch geglücket, diesen Geheimnissen auf den Grund zu sehen. Die verschiedene Hülfs-Mittel, die ich ersonnen, und die Veranstaltungen, die ich dießfalls theils mit guten, theils mit schlechten, Erfolg gemachet habe, alles zu entdecken, würden mich zu einer unangenehmen Weitläuftigkeit verleiten, wenn ich sie hier nach der Länge erzehlen wolte. Es wird genug seyn, wenn ich nur überhaupt anführe, daß ich, die acht Jahre hindurch, meine Ulmenbäume, sehr fleißig sowohl Tags als Nachts besuchet, und besuchen lassen, und sie mit gleicher Sorgfalt bewachet habe, als der Geizige seinen Schaz, und der Verliebte seine Schöne.

Schon die Beantwortung der ersten Frage, muß aus dem Fach der Hypothesen genommen werden, weil wir dem Baumeister, oder vielmehr der Baumeisterin, nicht zusehen können, wenn sie an der innern Wand ihrer Wohnung arbeitet. Wir finden aber den Ort ihres Eingangs, oder die Thür des Hauses, unter einem zarten Gewirre von weißer Haarwolle, und müßen also schließen, daß die Blatlausmutter, durch ihren Saugstachel sich diesen Weg eröfnet habe. Wie wir schon gesehen haben, findet sich diese Oefnung allzeit auf der untern Blatseite, zwischen den Rippen, die auf dieser Seite über die Fläche des Blats erhaben sind. Fig. 3. i. Die junge Blatlausmutter sezet also hier, auf das ebenfalls noch junge Blat, ihren Stachel an, und läßt vermuthlich einen Saft in die Wunde, welcher hernach durch eine gärende Bewegung die obere Seite des Blats von der untern scheidet. Hiedurch entstehet sodann ein kleines Gewölbe für die, der Oefnung nachgebende junge Blatlausmutter, welches im Fortwachsen die Gestalt eines kleinen zugespizten Kegels bekommet, wie dieses Fig. 1. l. zeiget. Die junge Blatlausmutter gehet wohl ohne Zweifel, weil man sie allzeit am Ende des kleinen Kegels antrift, dieser Spize nach, und entziehet ihr den Saft, wodurch das Wachsen in die Länge verhindert, und hingegen in die Breite befördert wird, bis endlich der Kegel seine Spize verliehrt, in die Runde wächst, und eine Birnförmige Gestalt annimmt. Wenn hernach durch die Nachkommenschaft der jezt noch einzigen Innwohnerin der Blase, dieses Saugen vervielfältiget wird; so erweitert sich solche noch mehrers, bis sie zu ihrer Vollkommenheit gelanget. Es kan aber auch der Druck der Luft in dem Gewölbe der Blase, und die Ausdünstung von innen, durch die Oefnung derselben, vieles zu deren Wachsthum beitragen.

Die

Die zweite Frage ist zwar bereits gewißermaßen beantwortet, denn wir wißen nunmehro schon, wie, und durch welchen Weg, die junge Blatlausmutter in die Blase kommt; aber hier müßen wir noch erörtern, wenn dieses geschiehet.

Die Schnecken, und alle Schaalthiere, wachsen mit ihren Häusern zugleich. Dieses ist ein begreifliches Gesez der Natur, weil sie vereiniget sind. Allein unsere jungen Blatlausmütter, und ihre Wohnungen, haben keine dergleichen Gemeinschaft mit einander, und folgen gleichwol diesem Gesetze. Ja sogar verläßt Haus und Baumeister zugleich, indem die Blase verwellt, wenn dieser stirbt, auch endlich die Blätter selbst abfallen, und neue hervor wachsen. Kaum eröfnet sich mit Anfang des Frühjahrs die Knospe; so sieht man die annoch zusammen gefalteten Blätchen auf ihrer untern, zu dieser Zeit äußern, Seite, mit kleinen, dem unbewafneten Auge kaum sichtbaren, schwarzbraunen Pünktchen, besezt, und erkennet nur erst durch das Vergrößerungsglas, daß es junge Blatläuse sind. Zu dieser Zeit sind sie kaum halb so gros als diejenigen, die man einige Tage hernach in den kleinen Blasen findet Fig. 2. Man zählt öfters sechs, acht bis zehen und mehr dergleichen junge Blatläuse auf einem Blätchen beisammen, die man für unbelebte Körper ansieht, weil sie ohne alle Bewegung in sehr kleinen, und ihre Stelle nicht verändern. Denn sie haben nun schon den Bau ihrer Familien-Rüste angefangen, und den Stachel in das Blat gebohret, und erwarten nun die Hülfe der Natur.

Die dritte Frage nach ihrer Abstammung legt uns einen, mir wenigstens unauflöslichen, Zweifelsknoten vor, und ich habe durch eine achtjährige eifrige Nachforschung mich vergeblich um ihre Beantwortung bemühet. Hier ist eine so große Tiefe des Geheimnisses, die alles Nachforschen vereitelt. Ich habe, und um etwas weniges von meinen Veranstaltungen, mir Licht in dieser Finsternis zu verschaffen, zu gedenken, von den einzigen zweien Ulmenbäumen in hiesiger Gegend, Zweige mit Blättern und Blasen, die mit geflügelten Blatläusen angefüllet waren, in großen Zuckergläßern verwahret, in welche ich theils Erde, theils Rinde des Ulmenbaums gethan, und die Erde, in dem einen Glas den ganzen Winter hindurch feucht erhalten, in dem andern aber trocken werden laßen, aber nie die Blatläuse gesehen, die ich gesuchet hatte. Ich habe die noch geschlossenen Knospen zerlegt, und die Mütter der jungen Blatlausmütter mit dem Vergrößerungs-Glas darinnen aufgesucht, ohne sie zu finden: Ich habe Zweige des Baumes in meinem Zimmer

ins

ins Waßer gesezt, deren Knospen sich geöfnet haben, ohne mir etwas lebendes zu zeigen; Ich habe im Merz ganze Stücken Rinde vom Gipfel und in der Mitte des Stammes, abschäßlen laßen, sie sorgfältig mit dem Sucßglas übersehen, aber wieder vergeblich; Ich habe Zweige des Baums mit Baumwolle unwickelt, mit langsam trocknenden Fürniß in der Meinung sie des Nachts zu fangen, bestrichen, aber auch hier nichts gefangen. Ich weiß also aller dieser, und noch mehrerer, hier mit Stillschweigen übergehenden, Veranstaltungen ohngeachtet, doch noch bis diese Stunde nicht mit Gewißheit zu sagen, wie die Mütter der jungen Blatläuse, die man, wie wir oben gesehen, in den kleinen Blasen antrift, aussehen, und ich muß diese Entdeckung, da meine Gesundheits-Umstände nicht mehr gestatten, mich dergleichen mühsamen Untersuchungen, und ernstlichen Beschäftigungen mit dem Mikroskop, zu unterziehen, denen überlaßen, deren Wißensbegierde, von beßeren Kräften des Körpers und Geistes als jezt die meinigen sind, unterstüzet wird. Ohnerachtet melae zwei Bäume in einer Gegend stehen,* die im Frühjahr mit Waßer und Morast reichlich versehen ist; so hat mich dieses doch nicht abgehalten, diesen beschwerlichen Spaziergang von mehr als einer Viertelstunde zu ihnen fast täglich, und öfters bei sehr stürmischen und naßen Wetter, zu thun, immer in der Hofnung, das zu erblicken, was ich suchte. Allein heute waren die Knospen dem Aufgehen nahe, und ohne Blatläuse, und morgen waren sie geöfnet und dergestalten mit jungen Blatlausmüttern besezet, wie ich bereits bei Beantwortung der zwoten Frage gesaget habe. Daß sie von andern gezeuget worden, lehrt uns die Natur, allein wer sie zeuge und auf die jungen Ulmenblätter seze, hat sie, mir wenigstens, noch nicht wißen laßen. Wir müßen uns also, so lange es ihr noch gefällt, dieses Geheimniß unsern Augen zu entziehen, mit Schlüßen behelfen. Folgendes wird uns genugsame Anleitung hiezu, und zugleich zu erkennen geben, daß der Herr von Büffon, aus allzugroßer Liebe für seine organisch belebten Theilchen, der Natur auch hier zu viel Gewalt angethan habe, wenn er den geflügelten Blatläusen die Fruchtbarkeit mit diesen entscheidenden Worten abspricht: Die Baumlaus wird zur Fliege, aber dieser organische Körper bringt nichts weiter hervor.* Diejenigen geflügelten Blatläuse, welche aus den Blasen der Blätter, die ich in Zuckergläsern verwahret hatte, hervorkamen, sezten kaum vier und zwanzig Stunden hernach eine ziemliche Menge junge ganz ungemein kleine Brut aus, die an der Wand des Glases herum krochen, und

C

die

---

* Diese Gegend hat man in der Vignette vorgestellet.
** Allgemeine Historie der Natur, Theil I. Seite 152.

diese glaubte ich durch frische Blätter, Rinde und Erde gros zu ziehen; allein sie brachten nach vielmaliger Wiederholung dieses Versuchs, ihr Leben nie höher als auf drei oder vier Tage. Eine dieser jungen Blatläuse stelle ich stark vergrößert Fig. 15. b. vor, wo wir die Aehnlichkeit mit ihren vorher beobachteten und abgebildeten Embrionen Fig. 14. und 15. die ich aus dem Leibe der jungen Blatläuse gedruckt habe; aber auch zugleich eine abermalige Abweichung der Gestalt und Farbe von ihrer Mutter Fig. 12. und 13. und Grosmutter Fig. 2. entdecken. Und wir sehen sogar, daß außer den sehr langen Saugstachel, und den sechs Beinen, die aber auch im Verhältnis des Körpers diejenigen ihrer Mutter an Länge übertroffen, sich nicht die geringste Aehnlichkeit mit dieser findet; wie denn auch keine Flügelscheiden gesehen werden. Ueber dieses gehet diese junge Blatlaus von ihrer Grosmutter auch hierinnen ab, daß sie im Laufen sehr schnell, da hingegen diese ihre ganze Lebenszeit hindurch ungemein träge und langsam ist. In Wahrheit eine sehr merkwürdige Ausnahme der allgemeinen Regel, daß jedes seines gleichen zeugen müße. Denn obschon die Art hierinnen nicht aus der Art schlägt, und Blatläuse, Blatläuse zeugen; so ist doch noch keine solche Abweichung in der Natur, in Ansehung der Form bekant, wie diejenige bei dieser Art Blatläuse. Es kan uns nicht weniger wunderbar vorkommen, wenn ein Europäer, einen Asiatischen Calmucken, oder einen Esquimau, zeugen würde; und dennoch ist zwischen diesen Menschen weit mehr äußerliche Uebereinstimmung, als zwischen Grosmutter, Mutter und Enkel unserer Blatläuse. Hätte ich lezterre nur zu der Größe derjenigen jungen geflügelten Blatläuse, aus deren Leibe ich die Embrionen gedruckt habe, bringen können; so würde mir dieses schon vieles Licht gegeben haben, wenn ich dergleichen Embrionen auch in diesen angetroffen hätte, die sich mit der jungen Mutter Fig. 2. hätten vergleichen laßen. Allein da mir hierinnen Wunsch und Hofnung fehl geschlagen; so kan ich nun nichts weiter hievon sagen, als daß ich gleich wol diese leztern für die ersten, nemlich für die Stammmütter der ungeflügelten und geflügelten Blatläuse halte. Durch welche, wie ich glaube, nicht ungegründete, Vermuthung, die abermalige besondere Betrachtung entstehet, daß unter diesen drei Abkömmlingen immer eines des andern Grosmutter, Mutter und Enkel wird; und also diese Zeugung eine Kette ist, deren ungleiche Glieder einen Zusammenhang ohne Anfang noch Ende haben. Ich halte aber die Blatläuse Fig. 15. b. , so nach meiner Beobachtung den dritten Saz ausmachen, darum für die Mutter der jungen Blatläuse, die im Frühjahr auf der äußern Seite der jungen Blätter des Ulmbaums angetroffen werden, weil man kaum vierzehn Tage nach ihrer Geburt keine einzige Blatlaus mehr auf diesem Baum, der nun die mit Blasen besezt

ge-

gewesenen Blätter abwirft, und neue hervortreibt, zu sehen bekommt; ich auch einstmalen im Merz auf einen Hollunder-Busch, noch ehe ein Blat daran zu sehen war, eine, wievel noch einmal so große, weißlichte, halbdurchsichtige, an den Seiten mit hoch rothen Dupfen gezierte Blatlaus gefunden, die, was die Form betrift, die Größe ausgenommen, der jungen Blatlaus Fig. 15. b. vollkommen ähnlich, und ohnfehlbar eine Heckmutter der schwarzen Blatläuse, womit diese Büsche alle Sommer in Menge besetzet sind, war. Sie entkam mir unter dem Mikroskop, und seit dem habe ich keine mehr zu sehen bekommen. Deswegen ich mein Verlangen sie abzubilden, nicht befriedigen können. Und obschon eines theils nicht zu läugnen ist, daß, da wie in den Monaten, April, May und Junius drei Generationen gesehen haben, daß auch noch drei derselben in den folgenden drei Monaten möglich sind, mithin dieses nicht die Mütter, sondern die Urgrosmütter der jungen Blatläuse Fig. 2. würden; so benimmt uns anderntheils dieses dennoch nicht das Recht, sie, nach erstgedachten Bemerkungen, noch so lange für die Mütter derselben zu halten, bis wir durch neue Entdeckungen uns eines andern überzeuget sehen.

Ich komme nun zu der vierten Frage, welches Insekt das Männchen, der in der Blase wohnenden Blatlaus ist, und wie es in dieser verschloßenen Wohnung befruchtet werden kan. Eine Frage, deren Beantwortung kein Zweifel im Wege steht. Unsere junge Blatlaus ist kaum vier und zwanzig Stunden auf der Welt, so hat sie sich schon in das Blat hineingearbeitet, in welchen sie wächst, sich häutet, ihre Nachkommenschaft zur Welt bringt, und stirbt. Diese ganze Zeit über ist sie, außer ihren Jungen, in der letzten Zeit ihres Lebens, von allem, was Leben hat, abgesondert. Da sie nun als ein Kind in die Blase eingeht, und in derselben allein verbleibt; so folget ganz natürlich, daß sie ihre Jungen aus sich selbst, ohne alle vorhergegangene Befruchtung, gebähren müße.

Auch die nun folgende Beantwortung der fünften Frage, wie und wodurch die jungen geflügelten Blatläuse fruchtbar werden, bestättiget die Wahrheit dieser außerordentlichen Zeugung, da wir unter den achtzig Jungen Blatläusen zweier Blasen, nicht eine männlichen Geschlechts angetreffen, hingegen sie alle als fruchtbare Blatläuse weiblichen Geschlechts gefunden haben, daß also hier nicht anders zu schließen ist, als daß die Fortpflanzung dieser Insekten blos durch ein pflanzenmäßiges Aussprossen in ihren Leibe und gleichsam durch Ableger, geschehen müße.

C 2   Die

Die sechste Frage, wo die Jungen dieser fliegenden Blattläuse hingesetzet, und erzeuget werden, läßt sich nicht anders, als schließend beantworten. Denn da die fliegenden Blattläuse immer um den Gipfel des Baumes herum schwärmen, wo man ihnen nicht in der Nähe seyn kan; so läßt sich nur vermuthen, daß sie ihre Jungen in dieser Gegend des Baumes auf die Zweige und Blätter sezen, weil man auf den untern Blättern niemalen einige zu sehen bekommt. Wo sie aber hernach hinkommen, ist noch weniger auszumachen. Auf der Rinde des Baums habe ich nie eine erblicken können, dahero ich davor halte, daß sie den Winter hindurch in der Erde wohnen, und im Frühjahr des Nachts den Stamm hinauf kriechen, und die jungen aussezen. Ich sage des Nachts, weil ich öfters zu drei und mehr Stunden, sowohl Vor- als Nachmittags, bei den Bäumen gleichsam auf der Schildwacht gestanden bin, ohne mit aller meiner Aufmerksamkeit eine Mutter gesehen zu haben, da doch öfters des andern Tags zu früh, die jungen Blattläuse in Menge da waren.

Die siebente und lezte Frage, weß Geschlechtes diese leztern Blattläuse Fig. 15. b. sind, ist, wie man leicht aus den vorhergehenden urtheilen kan, am allerwenigsten einer befriedigenden Beantwortung fähig; woraus denn folget, daß wir auch nicht gewiß sagen können, ob unter diesen eine Befruchtung vorgeht, oder ob sie wie ihre Nachkommen unbefruchtet gebähren. Man siehet sich an erwachsenen Blattläusen vergeblich nach einem Geschlechtszeichen um; wie wolte man bei einem Insekt von einem dreitägigen Alter etwas dergleichen finden? Ich wage es gleichwol meine Meinung zu sagen, nach welcher ich dafür halte, daß sie ebenfalls alle weiblichen Geschlechtes sind. Der dicke Leib meiner schon gedachten Blattlaus des Hollunder-Busches; die Aehnlichkeit derselben mit diesen jungen Blattläusen, und diejenige, die sie unter sich selbsten haben, da sich nicht der geringste Unterschied an ihrem Körperbau befindet, weßen ich durch unzehlbare Beobachtung dieser kleinen Insekten gewiß bin, und endlich die zwei auf einander folgenden weiblichen Geschlechter, alles dieses kan mich, wie ich glaube, genugsam entschuldigen, sie ebenfalls zu diesem Geschlecht rechnen, und vermuthen zu dürfen, daß, wie sie ohne Befruchtung gebohren worden sind, sie auch ohne solche gebähren.

Zu der Zeit, da auf den meisten Blättern des Ulmenbaumes die Blasen für die Wohnungen der bisher beschriebenen Blattläuse erwachsen, werden auch dann und wann

eb

einige Blätter angetroffen, deren eine Hälfte gegen die Stielribbe des Blates einwärts, oder von der obern nach der untern Seite gewickelt ist, Fig. 19. Die geschicktesten Menschenhände würden sich vergeblich bemühen, wenn sie einem Baumblat diese Form geben wollten. Gleichwohl ist es nur die Arbeit der Blatläuse und der Natur, die sie mit einem Werkzeug versehen hat, deßen sie sich hier sehr wohl zu gebrauchen wißen. Dieses ist der Saugstachel, womit sie der obern Seite des Blates den Saft entziehen, und zugleich mit jedem Stich der Ausdünstung einen neuen Weg öfnen, hernach aber die Vollendung ihrer Arbeit der Sonne überlaßen, dem solchergestalt zubereiteten Blat, die nemliche Wendung zu geben, welche das Feuer einem Bret giebt, wenn die mit Waßer benezte Seite gegen solches gehalten wird, das ist, es einwärts zu krümmen. Die blaßgrüne Farbe des gerollten Theils des Blates, giebt auch genugsam zu erkennen, daß hier ein Verlust des Saftes vorgegangen ist. Die Blatläuse, die diesen Bau geführt oder wenigstens angeleget haben, sind von einer andern Art als diejenigen, so in den Blasen wohnen. Sie sind blaßgrüner Farbe, und dis, nach der leztern Häutung, mit einer sehr zarten weißen Wolle bedecket. Der Herr von Reaumur hat sich über die Art, wie diese Wolle aus dem Insect hervorwächst, sehr sinnreich ausgedruckt, wohin ich dem Leser verweisen muß. *
Die Aufmerksamkeit, die ich auf die vorbeschriebenen Blatläuse habe verwenden müßen, hat mir alle die Zeit weggenommen, die ich nöthig gehabt haben würde, auch mit diesen Bekamtschaft zu machen, zumalen da hier nur meine Absicht war, mit diese, mit einigen ihrer Hauptfeinde, zu erwerben. Ich kan also für diesesmal nur so viel von dieser Art Blatläuse sagen, daß sie nicht nur auf den Ulmenbaum, sondern noch auf mehrern Pflanzen, besonders aber auf der Buche, angetroffen werden, und nach der leztern Häutung ebenfalls Flügel bekommen. So sicher sie auch unter ihren Gewölbe, das sie sich von einem Baumblat gebauet haben, für den Anfällen der Witterung sind, so wenig beschützet es sie jedoch gegen ihre Feinde. Als ich das gerollte Blat eröfnet, fand ich große und kleine, geflügelte und ungeflügelte, mit einem Wort ein Gewimmel von Blatläusen, und ein Geweire von abgelegten Häuten, auch verschiedene, wie kleine Schrote geformte, weiße Kügelchen darinnen, die ich für ihre Exremente hielte. Die allerkleinsten Blatläuse, die höchstens nur die erste Häutung überstanden hatten, nahm ich zu den oben beschriebenen Versuch heraus, und eine von diesen sehen wir vergrößert Fig. 20. abgebildet. Unter diesen Gewimmel erblickte ich einige braune Würmer, die sehr ämsig waren, und ihre 6. langen

Bei-

* Tom. 3. part. 1. pag. 54.

Beine mit ungemeiner Geschwindigkeit zu gebrauchen wusten Fig. 21. Ich hielte sie sogleich für das, was sie waren, nemlich für diejenige Art Blatlausfresser, die bei dem Herrn von Reaumur die zwote Claße machen, und welchen er den Nahmen Blatlaus-Löwen, Lion de Poucerons, gegeben hat. Diese mit mörderischen Waffen versehene Raubthiere, erwachsen mitten unter ihren Raub, wo es ihnen niemals an überflüßiger Speise mangelt. Man kan wohl sagen, daß sie sich, in Ansehung ihrer Größe gegen die Blatläuse, beinahe wie der Löwe gegen den Haasen, verhalten. Ohnerachtet ich diese Insekten, nicht eher gesehen habe, als da sie bereits halberwachsen waren; so kan ich doch aus der Zeit die sie nöthig hatten, von ihrer halben Größe bis zur ganzen zu gelangen, schließen, zumahlen da dieses auch mit den Beobachtungen des Herrn von Reaumurs übereinstimmet, daß sie vom Ei an, längstens in vierzehen Tagen zur Verwandlung geschickt sind. Den Kopf kan man Fig. 22. mit der abgeschnittenen Hälfte einer eirunden Kugel vergleichen, deren convexe Seite gegen den Leib gerichtet ist. Er ist von oben mit zwo aschgrauen Hornartigen Schalen bedeckt, und von vorne flach und lederartig. Zwei lange Fühlhörner Fig. 22. und 23. b. b. stehen zwischen den kleinen schwarzen Augen c. c. oberhalb des Zangengebißes d. d. und unter lezterem die zwo Freßspitzen e. e. Nach dem Kopf folget ein kurzer ringförmiger Hals, der schmäler ist, als die erste Abtheilung der Brust. Diese bestehet eigentlich aus fünf Abtheilungen, zwo kleinen und drei größeren, die gegen den Leib an Breite zunehmen und von einer Abtheilung zur andern schmähler werden, und endlich in eine Spitze ausgehen, die entweder im Laufen von einer Seite zur andern, wie der Schwanz einer Eidere geworfen, oder als ein Nachschieber wie die hintern Füße bei den Raupen gebraucht wird. Der ganze Körper hat eigentlich sechzehen Abtheilungen, und ist mehr glat als rund. Die Grund-Farbe des Ruckens ist gelb und braunroth gedupft, der Bauch aber hat eine strohgelbe Farbe. Ueber den Rucken lauft zwischen einem weißen, wie mit Mehl bestreuten, Streif eine braune Vertiefung, die sich gegen die Mitte des Leibes endiget; und auf den drei Hauptabtheilungen der Brust, an welchen die Beine angegliedert sind, sieht man auf jeder Seite ein braunes länglichtes Grübchen, deren Bestimmung mir nicht bekant. Die Seiten jeder Abtheilung, nur lezte ausgenommen, sind mit erhabenen Wärzchen besezt, welche wohl nichts anders als Luftlöcher seyn können. Fig. 24. habe ich eines mehr vergrößert vorgestellet, wobei zugleich die Schuppen der Haut des Ruckens sichtbar werden. Der Geruch, den diese Art Blatlausfresser von sich geben, ist außerordentlich stark, und dabei sehr angenehm, nicht anders als Quändel

und

und Thimian. Vielleicht ist er die Witterung der Blattläuse, die sie locket, ihrem Feinde in der Nähe zu bleiben.

Diese Raubthiere sind unter den Blattläusen, was die Wölfe unter den Schafen sind. Sie sind auch eben so gefräßig, wie diese, und mit einer Blattlaus, die das Unglück hat, von ihnen ergriffen zu werden, in weniger als einer halben Minute fertig. Aledann werfen sie den leeren Balg von sich und ergreifen eine andere. Ich habe etlich und dreißig Blattläuse nach einander von einem einigen Blattlausfreßer, ohne daß er einen Augenblick ausgeruhet hätte, verzehren sehen. Man darf sie, wenn man sich dieses Schauspiel geben will, nur ein paar Stunden fasten laßen, und sie hernach in ein Glas, worinnen einige Blattläuse sind, oder auch nur auf ein ausgebreitetes Blat mit Blattläusen, sezen. Man wird sie sogleich auf die nechste beste Blattlaus zulaufen, und sie ihrer Beute nie verfehlen sehen. Dabei zeigen sie sich ungemein lebhaft und geschäftig. Sobald sie die Blattlaus, mit den Zangengebiß ergriffen haben, wenden sie solche mit Hülfe der darunter stehenden starken zweimal gegliederten Freßspitzen, um sie gemächlich zum Munde zu bringen, herum. Als dann stehen Zangen und Freßspitzen einige Augenblicke still, weil sich der Räuber nun mit dem Aussaugen seines Raubes beschäftiget. Hernach wirft er die Blattlaus wieder auf eine andere Seite herum, und sauget von neuem. Dieses herumwerfen und saugen wiederholet er so oft, bis die Blattlaus in einen leeren Balg verwandelt ist. Ein gutes Suchglas ist hinreichend, alles dieses deutlich zu sehen, und die wenige Gedult, so der Zuschauer hiebei anwendet, wird ihm nicht gereuen. Oefters habe ich die Blattläuse bei diesen Umständen, noch bis auf die lezte, Zeichen des Lebens von sich geben sehen. Woraus ich schließe, daß die ersten Drucke der Freßzangen nicht tödlich, sondern so abgemeßen seyn müßen, daß der Raub lebendig verzehret werden, aber nicht mehr entkommen könne. Die Fertigkeit, welche ein Blattlausfreßer in dem Gebrauch seiner Waffen zeiget, übertrift bei nahe alle Vorstellung, die man sich davon machen kan. So geschwind das Eichhorn die Nuß in seinen Pfoten herumwirft, mit gleicher Geschwindigkeit verwendet der Blattlausfreßer die Blattlaus zwischen seinen Zangen und Spitzen.

Der Herr von Reaumur, der sich durch die Menge seiner vortrefflichen Beobachtungen ein vorzügliches Recht erworben hat, daß wir seinen Einsichten in die Natur gleichsam Schritt für Schritt nachfolgen, und dasjenige für entdeckt annehmen sollten, was

er

er sagt entdeckt zu haben, ist gleichwohl bei der Untersuchung erstgedachter Kopftheile des Blausfreßers, ohnfehlbar aus Mangel recht brauchbarer Vergrößerungs-Werkzeuge, dießmal von seiner gewöhnlichen Bahn abgekommen. Ich habe daher viel vergebliche Zeit und Mühe angewendet, auch hier meine Beobachtungen mit den seinigen zu vereinigen, ohne die Oefnungen an den Spitzen der Freßzangen des Blatlausfreßers zu finden, die er mit folgenden Worten beschrieben hat:

Mais ce qui est de plus re marquable, c'est que le formicaleo n'a point de bouche où les autres Insectes en ont une: il en a deux qui sont placées bien singulierément, elles sont aux bouts extrémement fins de cornes trés fines. Ces mêmes cornes avec de quelles le formicaleo perce un Insecte, et avec les quelles il le tient saisi, sont chacune un corps de pompe. Au moyen de ces deux corps de pompe il fait passer dans ses Intestins toute la substance du malheureux, qui est devenu sa proie. Nos lions des pucerons, ou nos petits lions, ont de semblables cornes, avec le quelles ils sucent les pucerons.

Was mich aber in noch mehrere Verlegenheit setze, war das Maul an einen andern Ort des Kopfs zu finden. Denn an keiner Stelle desselben war so etwas sichtbar, das ich davor hätte nehmen können. Ich sah zwischen den zwo Freßzangen und Spitzen, nichts als eine Fläche von sehr feinen waagrecht laufenden Falten. Alle Hofnung hatte ich auch beinahe aufgegeben, dasjenige mehr zu sehen, was ich mit so vieler Hartnäkigkeit gesuchet hatte, als ich von ungefehr den lezten Versuch, gleichsam für verlohren, unternahm, und den Kopf eines Blatlausfreßers, ohne ihn von dem selbe abzusondern, zwischen meine Stahlfeder faßte, und unter ein schwaches Vergrößerungsglas brachte. Kaum erblickte ich das Vordertheil des Kopfs, als ich eine Oefnung gewahr wurde, die ich ihrer Lage wegen für nichts anders, als für das Maul des Blatlausfreßers halten durfte. Eine stärkere Vergrößerung überzeugte mich hernach noch mehrers hievon, und wer die drei und zwanzigste Fig. ansehen will, wird, so wenig als ich, im geringsten zweifeln, daß er bei f. die wahre Abbildung des Mauls des Blatlausfreßers vor Augen habe, und verhoffentlich meinen Worten seinen Glauben um so weniger versagen, da ich versichere, daß an den Spitzen der Freßzangen keine Oefnung zu sehen ist. Da aber das Maul dieses Insektes nur alleine zum Saugen, und nicht zum Nagen, gebrauchet wird; so ist auch der ge-

ganze

naue Zusammenschluß der Lippen eine natürliche Folge dieser Bestimmung, so, wie der Unmöglichkeit, solches auf andere Art, als durch einen wohlangebrachten Druck des Kopfes zu öfnen und zu sehen. Wobey ich noch dieses erinnern muß, daß ich, mit dieser Figur nichts weiter vorstelle, als die vordere flache Seite des Kopfes, oder nur dasjenige, was man sehen kan, wenn man dem Inselt gleichsam ins Gesichte sieht.

Wir müssen aber hier den Blatlausfreßer auf einige Augenblicke verlaßen, und nur ein paar Worte von der fünf und zwanzigsten und sechs und zwanzigsten Fig. dieser Tafel zu sagen. Es ist dieses die Abbildung einer Baumwanze, die sich unter den Blatläusen des gerollten Blates aufhält. Ich sahe sie, nebst noch einigen, sehr geschwind unter solchen herumlaufen. Alle Theile ihres platgedruckten Leibes sind mit einer Zimmetfarbenen harten Hornschale bedecket. Sie hat dieses mit dem Ohrwurm gemein, daß sie sich, ohne Schaden zu leiden, zwischen zweien Fingern drucken läßt, und hernach eben so munter, als wäre ihr nichts geschehen, davon läuft. Der kleine Kopf trägt zwo, für seine Größe, ziemlich lange und dicke dreigliederichte, auf länglichten Knoten sitzende, Fühlhörner. Er läuft Fig. 27. vorne etwas spizig zu und endiget sich mit einem sehr spizigen Saugstachel, welchen eine fleischigte dreimal abgetheilte Scheide, die mit Haaren besezt ist, umgiebt. Die kurzen Flügelscheiden bringen mich auf die Vermuthung, daß dieses vielleicht noch nicht die Baumwanze selbsten, sondern nur die Nymphe derselben, ist. Ich sage, daß ich dieses vermuthe, weil mir die wenigen, so ich aufbehalten hatte, entkommen, und ich aus Mangel anderer, hierinnen keine Gewißheit erlangen können. Sonsten sind auch noch die, im Verhältnis des Kopfes, den ich Fig. 27. von der untern Seiten vorstelle, sehr großen rothen nezförmigen Augen zu bemerken; alles übrige aber werden die Figuren erläutern.

Wenn unser Blatlausfreßer das Alter von dreizehn bis vierzehn Tagen erreichet hat; so ist die Zeit seiner Verwandlung vorhanden. Er verläßt alsdann den Schauplaz seiner Mordthaten, und suchet sich in einem Winkel der Zweige des Baumes, oder auf einen andern Blat, zu verbergen. Es ist, wie der Herr von Reaumur ebenfalls erinnert hat, ein Bemerkungswürdiger Umstand bey diesem Inselt, daß es dieses mit den Spinnen gemein hat, aus dem Ende oder der Spize seines Leibes, und nicht, wie andere Insekten, aus dem Munde, zu spinnen, und zwar nur zu der Zeit, wenn er das Gespinnste zu seiner Verwandlung anfängt, ohne zuvor jemals nur das geringste Merkmal, daß er hiezu

D ge-

geschickt sey, gegeben zu haben. Dennoch weiß er sich in dieses ihm nie bekannt gewesene Geschäfte sowohl zu schicken, daß er sich in weniger, als einer halben Stunde, überspinnt. Sein Gespinnst ist von weißer Farbe, und so verwirrt und saftig, als Wolle. Es ist nicht so dichte, daß man nicht durch solches sehr wohl sollte sehen können, wie er den Kopf gänzlich in die Brust zuruck gezogen, und überhaupt eine gekrümmte Lage angenommen habe. Fig. 28. Es bestehet aber dieses Gespinnste aus zween von einander abgesonderten Lagen, von denen die Obere, wie gesagt, Wollenartig, die Untere aber so hart ist, als wenn sie von getrockneten Kleister gemachet wäre, auch durch kein Flüßiges, sogar nicht durch den stärksten Weingeist, wie ich deswegen die Versuche gemacht habe, aufgelöset wird. Man kan also dieses innere Gehäuse mit mehreren Recht eine durchbrochene Kapsel, als ein Gespinnst nennen. Ich habe es von dem Wollenartigen Gespinnste, bis zur Hälfte entblößet, und solches, mehrerer Deutlichkeit wegen, mit der 29. Fig. in natürlicher Größe, vorgestellt. Eine vergrößerte Hälfte dieses Gehäuses aber, worinnen noch ein Stück der abgelegten Haut des Insekts gesehen wird, mit der 30. Fig.

Von dreien Blatlausfressern, die sich bey mir eingesponnen hatten, habe ich nur zwo Fliegen bekommen, weil das Insekt in der einen Puppe vertrocknet war. Zu Ende des Hennmonats, ohngefähr in der vierten Woche nach dem Einspinnen, durchbrachen die erst gedachten Fliegen ihre Gehäuse. Andere auswärtige Geschäfte verhinderten mich, zu meinem Verdruß, bey der Ankunft dieser Gäste zugegen zu seyn. Noch verdrüßlicher war es mir, als ich sie, ohnerachtet sich ihr Alter nicht über zween Tage erstreckte, bey meiner Nachhausekunft halb tod antraf, daher ich eben nicht im engsten Verstand sagen kan, daß ich sie nach dem Leben gemahlet habe. Der Herr von Reaumur ist hierinnen noch weit unglücklicher gewesen, da aus seiner einigen Puppe eine Fliege gekommen, die ein Krüppel war, deswegen auch die Abbildung, die er uns von dieser Fliege, in seiner Insekten-Geschichte, geben laßen, sehr unvollkommen ausgefallen ist. Wenn ich nicht, die sich eingesponnen gehabten Blatlausfresser, in einem Glase alleine verwahret, mithin nicht gewiß gewußt hätte, daß die Fliegen aus denen eröfnet gewesenen Gespinnsten hervorgekommen wären; so würde ich an der Möglichkeit gezweifelt haben, da ich Fliegen sahe Fig. 31., die ihr Gehäuse Fig. 29. wohl dreimal an Größe übertrafen. Wie künstlich müßen nicht die Beine und Flügel zusammen gelegt gewesen seyn. Indeßen sind es doch nur eigentlich die Flügel, welche uns dieses Insekt so gros vorstellen, da sie seinen magern Leib

wie

wie ein Dach bedecken. Sie sind so breit, daß sie, wenn die Fliege auf ihren Beinen stehet, oder gehet, die Erde berühren. Sie würde daher zu letzterem ganz unfähig gewesen seyn, wenn nicht die Natur davor gesorgt hätte, sie mit einem Paar sehr langen Hinterbeinen zu versehen, womit sie das hintere Theil des Leibes und der Flügel, im Gehen erhalten kan. Diese Flügel haben am Ende einen besonderen Ausschnitt, und würden, wenn sie von dem Körper abgesondert sind, von jedermann für dürre Hopfenblätter angesehen werden. Unter diesen sind noch ein Paar nicht viel kleinere, aber etwas zärtere und von Farbe hellere, Flügel verborgen. Ohnerachtet diese vier Flügel pergamentartig sind; so haben sie doch noch so viel Durchsichtigkeit, daß Leib und Beine des Insekts durchscheinen, wenn es mit einer Seite dem Licht entgegen stehet, Fig. 32. Die ganze Fliege hat zwar überhaupt eine besondere Gestalt, und könnte, von der Seite betrachtet, der Form nach, mit einem Hackmesser verglichen werden, von dem der Hals der Fliege den Griff vorstellt. Ihre Schönheiten entdecket nur das Vergrößerungsglas. Doch wird sie hierinnen von der schönen Fliege eines anderen Blatlausfreßers, die ich in dem Anhang meines Neuesten, auf der Tafel vorgestellt, und mit dem Namen der Hofdame beehret habe, um gar vieles übertreffen. Wir sehen sie Fig. 33 mit ausgebreiteten Flügeln vergrößert abgebildet. Die Fühlhörner sind lang, und aus vielen kurzen Gliedern, wie in einander steckende Zapfen, zusammen gesetzt. Sie stehen auf der Stirn, nahe hinter den beiden lasurblauen Augen. Der hier unterwärts stehende Kopf gehet von vorne, wie bei der Hofdame, spitzig zu, und hat vier gegliederte Freßspitzen, aber kein Zangengebiß. Der breite Hals ist mit einer ungetheilten hornartigen Schuppe bedeckt, und das Brustschild durch verschiedene Erhöhungen getheilet. Die übrigen hier von den Flügel bedeckten Theile desselben sind, wie bei der Hofdame, geformet. Der Leib bestehet aus acht Ringen. Der letzte gehet spitzig aus. Die Brust ist schmal und scharf. Die sechs Beine stehen an solcher so nahe beisammen, daß man daselbst fast nichts als Beine siehet. Sie bestehen aus dem Afterschenkel, dem Schenkel, dem Afterschienbeine, dem Schienbeine, und dem Fußblatt, das wieder in sechs Gelenke, von denen das erste das längste ist, abgetheilet, und am Ende mit zwo Krallen versehen ist. Die oberen langen und breiten pergamentenen Flügel, sind mit vielen starken, nebeneinander weglaufenden, und mit kurzen Haaren besetzten, Nerven durchwebet. Eine besondere Ader, die von der äußern Kante über den Flügel nach der innern laufet, endiget sich in der Gegend, wo sich der Leib endiget, mit einem weißen Strich. Die zwo Fliegen,

die

die ich gehabt habe, waren damit bezeichnet. Die Untern, etwas kleinen, Flügel, sind wie die Obern, mit haarigten Nerven versehen, von Farbe aber etwas heller und in das schillrichte fallend. Die Farbe aller hier sichtbaren Theile dieser Fliegen werden die Abbildungen am besten zeigen.

Ob übrigens dieselbe ihre Eier ebenfals auf so künstliche Art, als wie die Hofdame, an die Blätter der Pflanzen zu heften weiß, ist mir unbewust, weil ich die Eier dieser Fliege noch nicht gesehen habe.

Erklärung der Figuren.

Tabula. I.

Tabula. II.

Tabula. III.

Fig. 19. Ein zusammen gerolltes Blat des Ulmenbaumes, worinnen die grünen Blatläuse wohnen.

Fig. 20. Eine vergrößerte junge grüne Blatlaus.

Fig. 21. Ein Blatlausfreßer in natürlicher Größe.

Fig. 22. Dieser vergrößert, und so vorgestellt, wie er auf die junge Blatlaus Fig. 20. Jagd macht.

Fig. 23. Der vergrößerte Kopf deßelben von vorne.

Fig. 24. Ein vergrößertes Luftloch deßelben.

Fig. 25. Eine vergrößerte Baumwanzen Nymphe.

Fig. 26. Diese in natürlicher Größe.

Fig. 27. Derselben vergrößerter Kopf von vorne.

Fig. 28. Der sich eingesponnene Blatlausfreßer.

Tabula. IV.

Fig. 29. Das von dem äußern Gespinst halb entblößte Gehäuse der Puppe des Blatlausfreßers.

Fig. 30. Die Hälfte dieses Gehäuses vergrößert, durch welches die abgelegte Haut des Blatlausfreßers zu sehen ist.

Fig. 31. Die Fliege, so aus dieser Puppe hervorgekommen, in natürlicher Größe von der Rucken-Seite.

Fig. 32. Diese von der Seite.

Fig. 33. Dieselbige vergrößert.

Anmerkung.

Die römischen Zahlen, die den Figuren zur linken Hand stehen, zeigen die Numern der Gläser an, die bey deren Vergrößerung und Abzeichnung gebraucht worden sind. Die Berechnung der Vergrößerungskräften derselben ist im Eingang meines Neuesten, S. 6. zu finden.

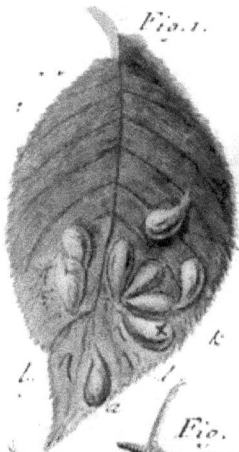

Fig. 1.

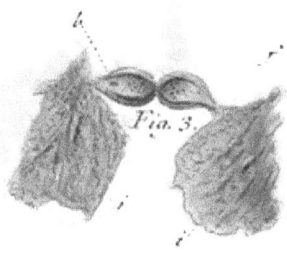

Fig. 3.

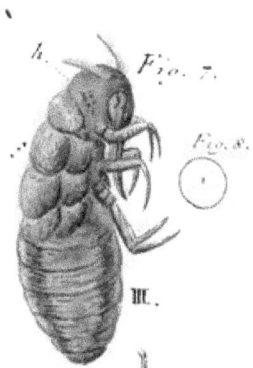

Fig. 7.

Fig. 8.

III.

Fig. 10.

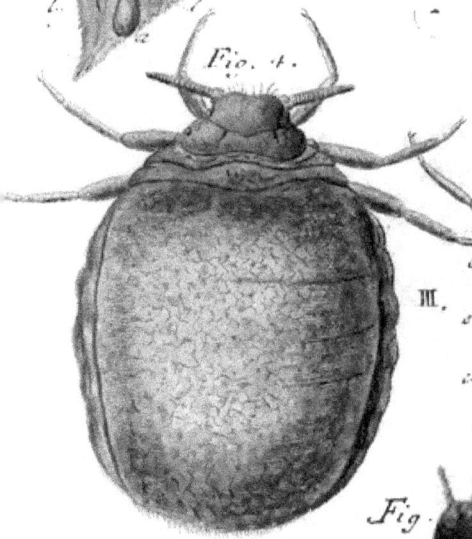

Fig. 4.

III.

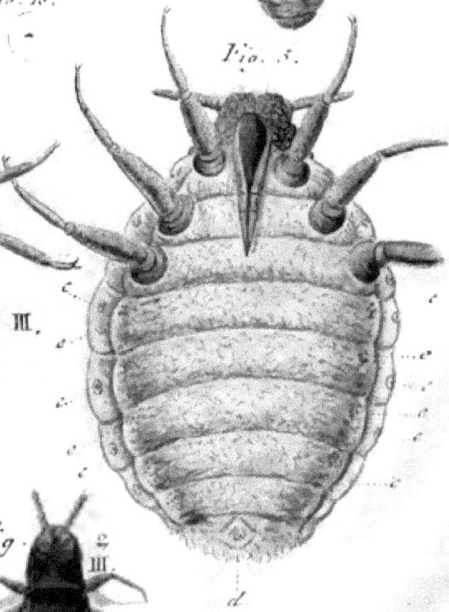

Fig. 5.

Fig.

III.

Fig.

III.

Fig. 6.

TAB. II.

Fig. 17.

Fig. 18.

III

Fig. 13.

Fig 12.

IV.

Fig. 16.

Fig. 11.

4

Fig. 14.

Fig. 15.

III.

Fig. 15. b.

III.

III.

TAB. III.

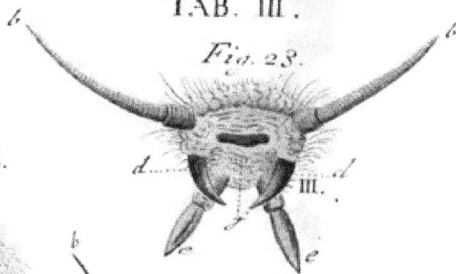

Fig. 23.

Fig. 20.

VI.

Fig. 19.

Fig. 28.

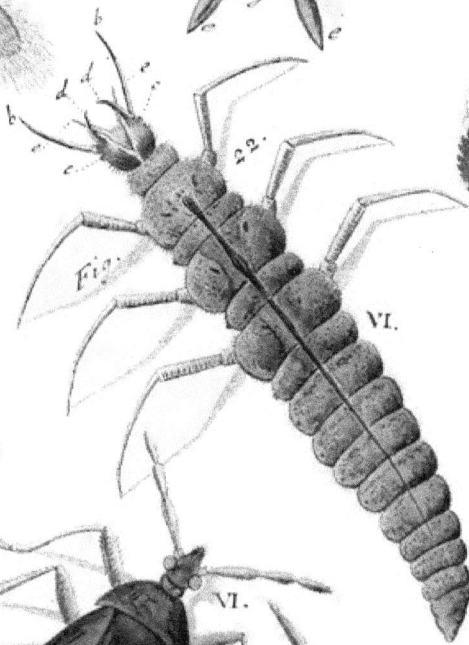

Fig. 21.

Fig. 26?

Fig. 24.

IV.

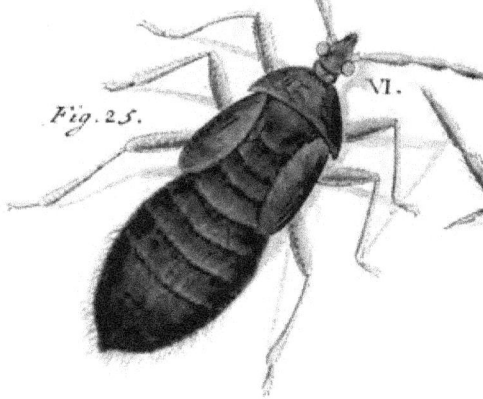

Fig. 25.

VI.

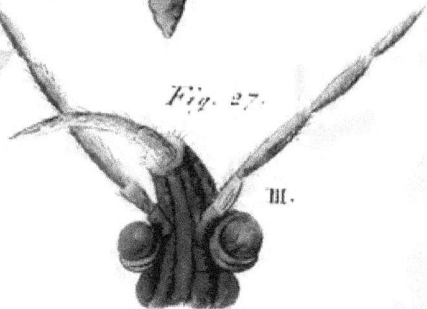

Fig. 27.

III.

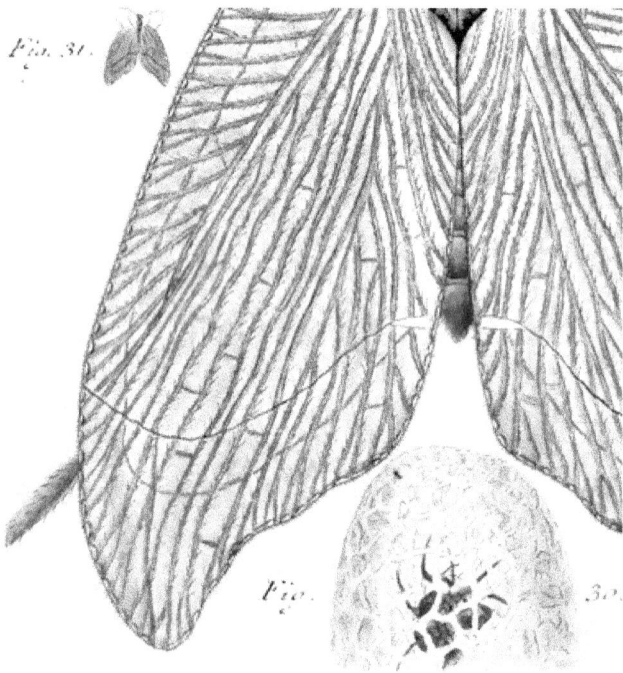

Fig. 31.

Fig. 30.